蘭蕙幽香

兰科植物手绘图谱

Botanical Paintings of Orchids

主编 ◎ 余 峰 曾宋君 张玲玲

SPM 南方传媒 | 广东科技出版社

· 广州 ·

图书在版编目（CIP）数据

兰蕙幽香：兰科植物手绘图谱 / 余峰，曾宋君，张玲玲
主编. —广州：广东科技出版社，2022.3
　　ISBN 978-7-5359-7786-1

　　Ⅰ. ①兰… 　Ⅱ. ①余… ②曾… ③张… 　Ⅲ. ①兰科 –
中国 – 图集 　Ⅳ. ①Q949.71-64

中国版本图书馆CIP数据核字（2021）第240566号

兰蕙幽香——兰科植物手绘图谱
Lanhuiyouxiang——Lanke Zhiwu Shouhui Tupu

出 版 人：严奉强
责任编辑：李 旻 严 旻
装帧设计：友间文化
责任校对：曾乐慧
责任印制：彭海波
出版发行：广东科技出版社
　　　　　（广州市环市东路水荫路11号　邮政编码：510075）
销售热线：020-37607413
http://www.gdstp.com.cn
E-mail: gdkjbw@nfcb.com.cn
经　　销：广东新华发行集团股份有限公司
印　　刷：广州市岭美文化科技有限公司
　　　　　（广州市荔湾区花地大道南 海南工商贸易区A栋　邮政编码：510385）
规　　格：889mm×1 194mm　1/16　印张12.25　字数225千
版　　次：2022年3月第1版
　　　　　2022年3月第1次印刷
定　　价：188.00元

编委会部分成员在华南植物园兰园合影

兰蕙幽香——兰科植物手绘图谱

PREFACE 前 言

　　兰科植物是全世界种类最多的单子叶植物，主要分布于全球的热带、亚热带地区，少数也见于温带、高寒地区。据不完全统计，现全球约有兰科植物5亚科800多属27 500多种。我国的野生兰科植物多样性丰富，约有194属1 388种，其中491种为我国特有。

　　兰科植物天生丽质，又颇具神秘色彩，观赏价值高，深受人们的喜爱。兰花用途广泛，已深深地融入了人们的日常生活之中，是世界上销量最大的花卉种类之一。除观赏外，兰花还可以食用、药用、茶饮或用作香料等，如香荚兰是高级天然香料，可用于高档化妆品、饼干、冰淇淋等的制作，有"香料皇后"之称。天麻、白及、金线莲、铁皮石斛等是珍贵的中药材。由于被过度开采和栖息地的破坏，兰科植物野生资源濒临灭绝。全世界所有野生兰科植物均被列入《野生动植物濒危物种国际贸易公约（CITES）》附录Ⅱ的保护范围，被禁止交易，尤其2019年11月26日起生效的CITES，更是将兜兰属和美洲兜兰属所有种类全部列入了附录Ⅰ，这是兰科植物中全部被列入CITES附录Ⅰ的仅有的两个属，由此可见其珍稀程度。

　　我国习惯上将兰花分为国兰与洋兰两大类。洋兰通常是指原产热带地区，花朵较大、花色鲜艳的附生兰，包括蝴蝶兰、卡特兰、石斛兰、兜兰、文心兰、万代兰等；国兰通常是指原产我国的兰属中具幽香的中小花型的地生兰，在我国有悠久的栽培历史。从最早的墨兰、建兰、春兰、蕙兰、寒兰，发展到春剑、莲瓣兰、豆瓣兰、送春等，每个种和变种又包括许多不同的品种，记录在册的栽培品种已有2 000多个。

兰蕙幽香——兰科植物手绘图谱

　　中国科学院华南植物园创建于1929年，前身为国立中山大学农林植物研究所，1954年改隶中国科学院，是我国最早进行兰科植物收集保存的研究机构之一。据记载，早在1934年就引种一批兰科植物并进行迁地保护，到1959年，收集兰科植物48种。1959—1964年间，朱德委员长曾多次视察华南植物园，并数次赠予植物园建兰'铁骨素'等名贵兰花品种和兰花谱册。1985年，华南植物园建成了集兰科植物展览荫棚、展览温室、室外展示区、繁殖荫棚、繁殖温室、工作室为一体的兰科植物专类园，收集兰科植物共300多种；2002年以后，更是加大了兰科植物的收集力度，目前已收集兰科植物原生种500多个，杂交种700多个，在兰科植物种质资源的收集和评价、迁地保护、遗传育种、种苗繁殖、高效栽培、自然回归、推广应用及分子生物学研究等方面均取得显著的成果，并获得"国家科技进步二等奖"和"广东省科学技术一等奖"等。

　　植物科学画是以科学用途来描绘植物的画作，与普通植物画不同的是，植物科学画既要精细、准确地反映植株和器官的形态特征，同时又要求与艺术融为一体，做到科学与艺术之美完美兼容。目前，我国专职绘制植物科学画的画师越来越少。本书收录了兰科植物科学画100幅，是老一辈绘图师余峰、邓盈丰、余汉平、黄少容、邓晶发、余志满的力作，其中包括了兰科植物中最有代表性的种类。值得欣慰的是，本书还收集到了华南植物园青年绘图师刘运笑绘制的由华南植物园自主育成的新品种'文菲'兜兰，该品种获得2021年"中国第十届花卉博览会"的金奖。

　　本书得到广东省科技厅科技计划项目（2017A070713021）的资助，在此致谢。

曾宋君

2021年8月8日于华南植物园

CONTENTS 目 录

国兰花色、花香、花形、叶形和植株形态俱佳，深得我国人民的喜爱。经考证，国兰的栽培与观赏可追寻到唐末五代，兴起于宋元时期。明清两代，国兰的栽培艺术进入了昌盛时期。国兰的栽培发源于中国，而后传入日本和朝鲜。目前已知最早的兰花栽培古籍是南宋末年赵时庚的《金漳兰谱》（1233），国兰精湛的栽培技艺是我国园艺的重要部分。国兰不仅具有悠久的栽培历史，还形成了内涵丰富的"兰文化"。"兰文化"是中华文化中独具特色的部分。国兰被历代文人雅士反复咏颂，诗词歌赋不胜枚举，并且将君子比德于兰，称之为"王者之香"。

　　国兰的鉴赏注重"色、香、韵、姿"，即颜色素雅、花香清幽、身姿优美、叶片飘逸等。国兰的欣赏是含蓄的，追求意境及花之外的神韵。国兰香气纯正为上品。瓣型以端庄、圆润和饱满为佳品，其中以梅瓣、荷瓣、水仙瓣最受推崇。花色主要有素瓣和复色瓣两种，传统上绿色为最佳。叶型和叶艺也是国兰鉴赏的重要内容。

春兰

Cymbidium goeringii (Rchb.f.) Rchb.f.

兰花在中国具有悠久的栽培历史，早在帝尧之世就有种植兰花的传说了。古时候人们认为兰花将"香""花""叶"三美都聚于一体，并且还具有"气清""色清""神清""韵清"四清，是"理想之美，万花之神奇"。孔子蔚然叹曰"兰当为王者香"；屈原的《楚辞》中亦有描述："既滋兰兮九畹，又树蕙兮百亩"；苏辙忧然感慨"兰生幽谷无人识"；欧阳修诗曰"饮德醉醇酎，袭馨佩春兰"。兰花在中国人民心目中，是一切美好事物的寄寓和象征。春兰是九大传统国兰之一，是兰花中的碧玉，也是我国栽培最早的兰花。如果我们有幸在野外遇见了春兰，千万要珍惜这份难得的缘分，安静地感受她的美好。

春兰姿容精致，它的叶成带形，通常较短小，假鳞茎也较小，初包藏于叶基之内，像藏匿于叶下的绿色小圆球。春兰的花序上常俏立着1朵花，但有时也会开出一梗双花来，给人意外之喜。听，春兰花开的声音，像是在茎上谱写一曲简短的花之乐。春兰的花色泽变化较大，通常为深绿色，花瓣像大自然精细雕刻的绿翡翠，有些具紫褐色脉纹。

蕊柱两侧有较宽的翅，保护着花里的花粉团宝宝。春兰的花期为1—3月，但她的花语却是"迟来的爱"。虽名为春兰，但她的花期要比一般的兰花开花时间晚一些。春兰名品甚多，著名的品类有梅瓣型、水仙瓣型、荷瓣型、蝴蝶瓣型、素心瓣型五大类。

春兰的分布甚广，在浙江、江苏、安徽、江西、福建、台湾、河南、湖北、湖南、广东、广西、四川、贵州、云南、陕西、甘肃等多个省份均有产。生于多石山坡、林缘、林中透光处，海拔300～2 200米，在台湾可上升到3 000米。春兰的主要辨识特征是花莛挺直；花序中部的花苞片明显长于花梗和子房；叶脉不透明；假鳞茎小，但明显存在。

春兰是易危植物。

Ground-living on rocky hillsides, forest edges and transparent places in the forest, altitude 300–2 200m. Widely distributed in Shaanxi, Fujian, Hunan, Guangdong, Guizhou, Yunnan and other provinces. Flower January to March. Vulnerable species.

春兰 *Cymbidium goeringii* (Rchb.f.) Rchb.f.   余峰 绘

2 春兰'大富贵'

Cymbidium goeringii 'Daifuuki'

大富贵是春兰正格荷瓣第一铭品，春兰荷瓣花的经典代表。宣统元年（1909年）从上海花窖中选出。由湖州郑同梅和余姚王叔平分养，郑同梅取名"郑同荷"，王叔平取名"大富贵"。

黄少容　绘

3 春兰‘御国华’

Cymbidium goeringii ‘Yu Guo Hua’

　　‘御国华’植株较小型，叶中等，斜立，短而厚硬。萼片和花瓣褐黄色，上唇瓣上有深紫色斑纹。

邓晶发　绘

4 春兰'伏龙荷蝶'

Cymbidium goeringii 'Fu Long He Die'

'伏龙荷蝶'为荷型花。叶中等，斜立，细而厚硬。萼片和花瓣绿色，上有棕色条纹，唇瓣白色，有深紫色斑纹。

余峰 绘

5 春兰 '玉梅素'

Cymbidium goeringii 'Jade-Prune Plain'

　　'玉梅素'是传统春兰中唯一的赤壳素心品种。其叶姿斜立，边叶半垂，叶极厚硬。'玉梅素'叶细，属细狭叶形春兰，新芽赤紫色。花苞赤红色，苞尖有绿彩，贴肉苞壳淡绿色，无筋脉。花秆紫红色，花朵外围三瓣长脚圆头，花瓣微飘，落肩。捧瓣有白边，短圆，兜浅。舌为短圆白色，腮部有微红。

邓晶发　绘

6 春兰 '十圆'

Cymbidium goeringii 'Shi Yuan'

　　春兰 '十圆' 是清代道光年间，浙江嘉兴地区选育的兰花名品。《兰蕙同心录》的作者许霁楼先生曾为春兰 '十圆' 写下了"月样团栾花样娇，金钱争买暗魂销，如何鱼目珠同混，铜雀春深有二乔"的诗句。它形象地比喻了春兰 '十圆' 盛开时如同圆月，姿容美若三国时代的绝代佳人二乔。

余峰　绘

7 春兰 '宋梅'

Cymbidium goeringii 'Song Mei'

　　'宋梅'于清乾隆年间由绍兴宋锦璇选出，花名以宋锦璇之姓与花之梅瓣结合命名而得。'宋梅'花形端庄大方，被列为春兰四大名种之首，与春兰'龙字'合称"国兰双璧"。蚕蛾捧，唇瓣前端下弯，似刘海，和叶片浑然一体，相映成趣。

黄少容　绘

8 春兰 '汪字'

Cymbidium goeringii 'Wang Zi'

　　'汪字'是"春兰老八种"中栽培历史最悠久的品种，康熙年间由浙江奉化爱兰人士汪克明选育，并以他自己的姓氏命名为'汪字'。'汪字'叶形直立，具有刚健的筋骨。外三瓣长脚圆头，花瓣基部稍收，紧边，中萼片稍向前倾；两侧萼呈拱抱状，两花瓣短而软，成一字肩。唇瓣为兜状捧心，乳白色，唇盘上具淡淡红点。

余峰　绘

9 春兰'西神梅'

Cymbidium goeringii 'Xi Shen Mei'

'西神梅'于1911年在浙江奉化选出，后为无锡荣文卿所得。'西神梅'外三瓣紧边圆头，收根。蒲扇捧，唇瓣前端下弯，略似刘海，舌上一颗大红圆点。花色绿，花容俏丽，花架高挑。叶半垂，叶幅狭窄，叶缘尖刺明显，叶端尖。

黄少容 绘

10 春兰 '冠姚梅'

Cymbidium goeringii 'Yao's Prune'

　　'冠姚梅'是春兰中第一代广泛栽培的名种珍品，于1916年由姚佐田选育。其叶色浅，弓形。花型外三瓣圆头收根，紧边，蚕蛾捧，唇瓣貌似古代的玉如意，平展或略上举，稍凹陷。平肩，花色绿，花容端正。

邓晶发　绘

012

11 春兰 '宜春仙'

Cymbidium goeringii 'Yi Chun Xian'

　　'宜春仙'是1986年由宁波人士李兆华在宁海与新昌交界处的四明山麓掘得的春兰品种。'宜春仙'外三瓣（萼片）短而宽阔，延基部渐窄，软蚕蛾捧。

余峰　绘

⑫ 蕙兰

Cymbidium faberi Rolfe

　　蕙兰是九大传统国兰之一。宋代诗人、书法家黄庭坚所写的《书幽芳亭》中有"一干一华而香有余者兰，一干五七华而香不足者蕙"，将春兰和蕙兰区分开来。清朝时，我国已有大量的蕙兰名品。

　　春天来了，沿着青石板小路走到花园，一幅"幽兰生前庭，含蓄待清风。清风脱然至，见别萧艾中"的画面映入眼帘——等待我们的正如一位娴静的姑娘。你瞧，她那浅黄绿色的花精致地盛开着，唇瓣上错落有致地点缀着紫红色斑纹，好像佩戴着高雅的红宝石，在阳光照射下闪耀着红色、金色的光斑。花序婷婷而立，小花们左顾右盼地等待春风的洗礼。还有那墨绿纤长的叶子，挺拔与婀娜并存，随风摆动更显飘逸。指尖触碰，叶片如革，边有锯齿，惊觉柔美的身姿下隐藏的是坚强的内心。

　　蕙兰在我国分布广，产于浙江、安徽、福建、江西、广东、广西、贵州、甘肃南部、陕西南部、山西南部、西藏东部、河南南部、湖北、湖南、四川、云南和台湾等地，印度北部和尼泊尔也有分布。生长于海拔700～3 000米潮湿但排水良好的坡地或疏生灌木之地。蕙兰的花期在3—5月。

- -

Ground-living on wet but well drained slopes or sparse shrubs, altitude of 700–3 000 meters. Wildly distributed in Zhejiang, Anhui, Fujian, Jiangxi, Guangdong, Guangxi, Guizhou, Gansu and other provinces. Flower March to May.

蕙兰　*Cymbidium faberi* Rolfe　　余峰　绘

⑬ 蕙兰 '解佩梅'

Cymbidium faberi 'Jie Pei Mei'

　　'解佩梅'在20世纪20年代初，由上海张姓爱兰者选出，是蕙兰流传最为广泛的梅瓣名品。叶细长，光滑油润，呈蓝绿色。花柄呈紫红色，捧心玉质感强，被誉为"红簪碧玉"。外三瓣长脚、圆头，舌圆短而大，如意舌不反卷。解佩梅清新秀丽，花叶俱佳，深得兰人喜爱。1987年，靖江解佩梅首次参加在北京举办的中国花卉博览会，获优质展品奖。

余峰　绘

016

14 蕙兰‘柳叶青’

Cymbidium faberi ‘Liu Ye Qing’

　　‘柳叶青’花莛细挺，高出叶架，着花7~9朵，花形较小，竹叶瓣，三角肩，狭卷舌，舌面布满鲜艳的红点，花色黄绿。‘柳叶青’花瓣状似二月春风新裁的柳叶，故得名。

余峰　绘

15 蕙兰'朱紫'

Cymbidium faberi 'Zhu Zi'

　　'朱紫'是华南植物园引种栽培的蕙兰品种，观赏价值高。其特点是叶片细长飘逸，花莛和花梗朱紫色。花朵数8～10枚。

余峰　绘

16 蕙兰'黄玉'

Cymbidium faberi 'Huang Yu'

　　'黄玉'是蕙兰竹叶瓣传统名品。花梗粗高，梗色翠绿，花柄暗赤紫色，着花6~10朵，花朵间距大，花开舒朗有致，花色如黄玉。外三瓣长脚、尖头，三角肩，花瓣厚。舌瓣长圆放宕不卷，红点淡，花形雄伟，色鲜绿而光亮。黄玉易草易花，性强健。

邓晶发　绘

17 建兰 '龙岩素'

Cymbidium ensifolium 'Long Yan Su'

　　'龙岩素'为古今素心建兰流传最广的名种，品类繁多，素雅别致。'龙岩素'花莛出架，通常着花5～7朵，有的可多达10余朵。花瓣较闭，略似蕙兰中的荷瓣型。花姿优雅，花色乳黄或白泛绿晕，瓣端绿晕更浓，唇瓣洁白无瑕，微后卷，小落肩。

余志满　绘

18 建兰'红梗玉真'

Cymbidium ensifolium 'Hong Geng Yu Zhen'

'红梗玉真'叶态端庄卷曲,花色鲜明优雅,香气浓郁含蓄。新芽鲜红色,花开色艳。

余峰 绘

19 建兰 '铁骨素'

Cymbidium ensifolium 'Tie Gu Su'

　　'铁骨素'作为建兰传统素心名
品，历来深受国人推崇。其叶片墨绿
坚韧若铁皮，而花梗则纤细挺直若铁
筋，因此得名'铁骨素'。'铁骨素'
叶常2～6枚，质地厚重较硬，墨绿且有
光泽。花葶纤细直挺，长20～35厘米，
花梗绿色。花出架，花色纯净淡雅无杂
色，花朵间距较小，繁密，清香怡人。

余峰　绘

20 建兰‘金边仁化’

Cymbidium ensifolium 'Jin Bian Ren Hua'

　　‘金边仁化’产于广东省仁化县的扶溪和丹溪一带，是以产地命名。清代广东南海人土区金策在其所著的《岭海兰言》中，对该品种甚为赏识，并详述该品种依其叶态、花情，可分为阔剑（叶）、软剑、扭剑、鼠尾、麻姑、短剑、小叶、大花、小花九种之多。

余汉平　绘

²¹ 建兰 '硬剑金边素'

Cymbidium ensifolium 'Ying Jian Jin Bian Su'

'硬剑金边素'叶片坚韧，叶质感似硬剑，叶片边缘镶金边，英气动人。

余峰 绘

22 建兰'朱砂'

Cymbidium ensifolium 'Zhu Sha'

　　春剑和寒兰中均有名为'朱砂'的品种。建兰'朱砂'名气较小。秋季开花,萼片和花瓣黄绿色,有朱红色斑纹。

余志满　绘

寒兰

Cymbidium kanran Makino

　　寒兰是九大传统国兰之一，但早年寒兰在国兰中的存在感似乎不高，她没有蕙兰的花型硕大，丰盈艳丽；没有春兰的内外俏丽，糯软圆紧；也没有墨兰的花色丰富，玲珑可爱；或建兰的清香四溢，四季开花；但寒兰叶片飘逸狭长、风姿绰约，长40~70厘米，宽0.9~1.7厘米，边缘常带有细齿，即使不在花期，也具有很高的观赏价值。寒兰的花并不紧密，花序疏生5~12朵花。一般品种在万物凋零的初冬时节开放，搭配上纤长披针形的花瓣与萼片，便如孤冷清高的绝世美人。花独赏时，带有几分消瘦与柔美，浅黄淡绿的萼片与花瓣中带有些许淡紫红条纹作为点缀，中心淡黄唇瓣上的一抹紫红如美人眉心点上的一颗朱砂痣，和着狭长的叶片宛如仙女，飘飘忽如遗世独立。寒兰的精妙之处，在于花叶整体形态带来的和谐之感与1+1＞2的效果。花叶同赏时，花朵似芦苇荡中展开双翼的白鹭，坚定敏捷地扑向水中猎物，柔美中瞬间多了几分筋骨之气，她独有的气度碧润、清秀文雅是其他兰花无法比拟的。寒兰的花期在8—12月。

　　寒兰喜阴，多生长于东南沿海地区的广东、广西、福建、台湾、海南等地的林下或潮湿多石山坡，海拔400~2 400米。寒兰虽名中带"寒"字，但并不耐寒，气温低于5℃时，便要好好地保温爱护了。

　　寒兰是易危植物。

Ground-living under the forest or on wet and rocky hillsides, altitude 400-2 400m. Distributed in Guangdong, Guangxi, Fujian, Taiwan and Hainan. Flower August to December. Vulnerable species.

寒兰　*Cymbidium kanran* Makino　　　邓盈丰　绘

24 墨兰 '金华山'

Cymbidium sinense 'Jin Hua Shan'

　　'金华山'由我国广东顺德选育，很早就被家养，并流入日本。其叶片宽阔，半下垂，近顶端边缘有一道金黄色的镶边，为金爪线艺，艺色明显。金华山是目前年宵花市主打的国兰种类，其株型雄伟，花大出架，颇有气势，花香浓郁，深受人们喜爱。

墨兰 '金华山' *Cymbidium sinense* 'Jin Hua Shan'   邓晶发 绘

25 墨兰 '软剑白墨'

Cymbidium sinense 'Ruan Jian Bai Mo'

墨兰是九大传统国兰之一。在冬春交替之际开花,此时正值农历一年将终时,故又名"报岁兰"或"入岁兰"。我国栽培和鉴赏墨兰具有悠久的历史,人们对墨兰的喜爱已经超越了形色之美,因其秀逸清雅、幽香高洁,以其喻德喻君子喻节操,将其升华为一个文化的符号,形成独特的文化内涵。通常以"兰章"喻诗文之美,以"兰交"喻友谊之真。也有借兰来表达纯洁的爱情,"气如兰兮长不改,心若兰兮终不移""寻得幽兰报知己,一枝聊赠梦潇湘"。

粤产墨兰素以白墨甲天下,其中'软剑白墨'是广东墨兰的最佳传统品种。其一秆多花,娇小的玉色素花,晶莹的花瓣,似冰清玉洁,像凝脂,如美玉;搭配着墨绿莹润的剑形丛生叶,美得高雅,美得婉约。悠悠空谷,一剪白云,一弯溪水,一座古亭,一抹淡兰。风过,一丝香翩然,宛若一缕思绪,在这份宁静中游走,无俗事纷繁,无红尘爱恨,只有一颗素心,一席安然,小草、大树都是温润的,连风都是柔柔的,温婉的。'软剑白墨'的花期在1—3月。

墨兰主要分布在安徽、江西、福建、台湾、广东、海南、广西、四川、贵州和云南,生于林下、灌木林中或溪谷旁湿润但排水良好的荫蔽处,海拔300~2 000米。墨兰的主要品种有金边墨兰、银边墨兰、企黑墨兰、软剑白墨。墨兰是广东家兰,已融入了岭南人民的精神和社会生活中,深受追捧和喜爱。

Cymbidium sinense 'Ruan Jian Bai Mo' has been cultivated for hundreds of years, and is one of the most popular orchid varieties of Guangdong. The flower is green and white, the lip petal is snow-white, and have fragrance. Flower January to March.

墨兰'软剑白墨' *Cymbidium sinense* 'Ruan Jian Bai Mo'　　　邓晶发　绘

㉖ 莲瓣兰 '大雪素'

Cymbidium tortisepalum 'Da Xue Su'

　　'大雪素'是滇兰名品，也是莲瓣兰中的优秀代表品种。大雪素已有数百年的栽培历史，明永乐年间杨安道所著《南中幽芳录》中就有"大雪素：段氏名花，多产于无量山"的记载。大雪素花莛出架，花色纯净，花香淡雅，犹如白鹤展翅欲飞，超凡脱俗。大雪素在春节期间绽放，非常适宜家庭栽培观赏，在云南兰界曾有这样的说法："不栽大雪素，算不得养兰人。"

莲瓣兰 '大雪素' *Cymbidium tortisepalum* 'Da Xue Su'　　　余汉平　绘

春剑

Cymbidium tortisepalum var. *longibracteatum* (Y.S. Wu & S.C. Chen) S.C. Chen & Z.J. Liu

春剑是莲瓣兰的变种，近年被列入九大国兰之一。春剑常于1—3月开花，花期较长，每枝上常有2～5朵花同时开放，花开时芳香四溢。其花色活泼艳丽，常有红色、白色、紫色、黑色，有的品种还有复色花，独具特色。除了花外，春剑的叶片也极具观赏价值。其叶长可达50～70厘米，质地坚挺，直立，修长，叶色翠绿，植株形态挺拔而优雅。比起蕙兰的绚丽、春兰的素雅，春剑无疑是更为刚毅，迎风绽放时便是一派傲然风骨。

春剑产于四川、贵州和云南等地，喜暖怕冷。生长于海拔1 000～2 500米处，杂木丛生山坡上多石之地。生于大山的春剑以蓬勃向上的姿态恣意生长，却因其夺人风采而遭到了过分采挖，导致其野生资源遭受了严重破坏，成了濒危植物，在《中国植物红皮书》《野生动植物濒危物种国际贸易公约》中，野生春剑均被列为保护对象。

春剑是濒危植物。

Ground-living on the rocky hillside with miscellaneous trees, altitude 1 000–2 500 m. Distributed in Sichuan, Guizhou and Yunnan. Flower January to March. Endangered species.

春剑 *Cymbidium tortisepalum* var. *longibracteatum* (Y.S. Wu & S.C. Chen) S.C. Chen & Z.J. Liu

邓晶发 绘

28 春剑 '芽黄素'

Cymbidium tortisepalum var. *longibracteatum* 'Ya Huang Su'

　　'芽黄素'又名'田黄玉'。此花新苗时期,新芽呈淡黄色,在成壮苗时慢慢转为黄绿色。'芽黄素'开淡黄色素花,这是此花一大特色。因其芽是淡黄色,故得名。

邓晶发　绘

29 春剑 '铁秆大红朱砂'

Cymbidium tortisepalum var. *longibracteatum*
'Tie Gan Da Hong Zhu Sha'

　　'铁秆大红朱砂'首见于明代云南兰花史料，产于云南垅圩图山。史载色似朱砂，紫红有斑，朱砂兰家养驯化历史悠久，民庭小院多有栽植。叶4~5片，叶长40厘米左右，宽而环垂，叶面亮绿有光泽，叶背边脉显暗红色。秋天开花，一秆花开2~5朵。花为柳叶瓣型，花秆和花朵红色，花瓣丝纹红，唇瓣白色上有零星红点。

余峰 绘

30 送春

Cymbidium cyperifolium var. *szechuanicum* (Y.S. Wu & S.C. Chen) S.C. Chen & Z.J. Liu

　　近年送春被列入九大国兰之一。春末，林下灌木丛生之地，一只只调皮的"精灵"在一片绿色细长叶子组成的波浪中嬉戏，时不时还会趁着一阵轻柔的风打一个大大的哈欠，伸伸懒腰。在经历了一个春天的色彩爆炸后，这些"精灵"显得尤为珍贵可人。悄悄地走过去，会发现它们通体碧绿，像翡翠般剔透，圆圆的鹅黄色小脑袋，围着一条带着紫色花纹的浅黄色围巾。有些害羞的"精灵"还不敢探出脑袋，悻悻地躲在一旁。这些"精灵"名叫送春，因花期在3—4月而得名，是兰属植物莎叶兰的变种。地生或石上附生植物，假鳞茎小，包藏在叶子基部，叶片数9～20枚。花与寒兰颇相似，有淡淡的柠檬香气。依其开花数量不同而有'九子送春''七子送春'和'五子送春'之别。

　　送春产于四川邛崃山等地，在四川成都广为栽培。

　　送春是近危植物。

Native in Qionglai Mountain, Sichuan, and widely cultivated in Chengdu. Near threatened species.

送春 *Cymbidium cyperifolium* var. *szechuanicum* (Y.S. Wu & S.C. Chen) S.C. Chen & Z.J. Liu　余峰　绘

31 纹瓣兰

Cymbidium aloifolium (L.) Sw.

　　纹瓣兰与硬叶兰性状极为相似，花序皆自然下垂，花朵小巧地着生于花序轴上，同样不失灵动、可爱。但仔细观察还是能发现一些区别：纹瓣兰的叶子更坚挺，先端有明显的不等2圆裂，而硬叶兰的叶子先端不裂或微凹；纹瓣兰花序轴较长，花朵数较多，花朵上褐红色斑块也较少。纹瓣兰的花期在4—5月。

　　纹瓣兰叶厚革质，带形，先端为明显不等的2裂；花莛自假鳞茎基部叶鞘内发出，下垂，长20~80厘米，具25~28朵花，花有淡淡的清香；萼片与花瓣淡黄色，中央有1条较宽的栗褐色纵条纹；唇瓣白色，侧裂片和中裂片上有栗褐色纵条纹，唇瓣上的2条褶片常在中部断开。

　　纹瓣兰生长强健，抗病力强，有较高的观赏价值。该植物可全草入药，具有治疗肺热咳嗽、肺结核、咽喉炎、腮腺炎等功效。

　　纹瓣兰分布于我国广东、广西、贵州、香港和云南的东南部至南部。常生于海拔100~1 100米处的疏林或灌木丛的大树枝和树干上，又或者是沿溪边、山谷的岩壁上；常见于阳光充足或稍荫蔽处。

　　纹瓣兰是近危植物。

Epiphytic on large tree branches and trunks in sparse forests and shrubs, or on the rock walls along streams and valleys, usually in sunny or slightly shaded places, altitude of 100–1 100 m. Distributed in Guangdong, Guangxi, Guizhou, Hong Kong and Yunnan. Flower March to April. Near threatened species.

纹瓣兰 *Cymbidium aloifolium* (L.) Sw.   邓盈丰 绘

硬叶兰

Cymbidium bicolor Lindl.

　　不像牡丹那样雍容华贵，也不像月季那样绚丽多彩，更不像桂花那样十里飘香，更多的是给人一种清新、舒适的感觉。近看，其叶片青葱翠亮向上生长；花莛从假鳞茎基部穿鞘而出，下垂；总状花序，萼片与花瓣都是奶油黄色，中央有一条宽阔的栗褐色纵带；唇瓣也是奶油黄色，有栗褐色斑，上面有小乳突或微柔毛。远看，花着生在花序轴上，与绿叶交相辉映，清风徐来，缓缓摆动，好不可爱。

　　每年三四月份，植株会开出小巧、可爱的花来。喜欢阳光，但不喜欢曝晒；喜欢湿润通风的环境，最好是放在阴凉但又不失光线的地方。栽培时见干见湿最为适宜。除可供人们观赏外，还可做药用。主要成分有黄酮甙、氨基酸等，具有清热润肺、化痰止咳、散瘀止血的功效。

　　硬叶兰和纹瓣兰很相似，叶片都是厚革质的，但纹瓣兰的叶子更坚挺，先端有明显的不等2圆裂，硬叶兰叶子先端不裂或微凹，花序轴较短，花朵数较少。

　　硬叶兰常生于林中或灌木丛中树上，海拔100～1600米处，于阳光充足处多见。产于广东、广西、贵州、海南、云南西南部至东南部，不丹、柬埔寨、印度、老挝、缅甸、尼泊尔、泰国和越南等地也有分布。

Epiphytic on tree trunks in forests and shrubs, usually in sunny places, altitude 100–1 600 m. Distributed in Guangdong, Guangxi, Guizhou, Hainan, southwestern to southeastern Yunnan. Flower March to April.

硬叶兰　*Cymbidium bicolor* Lindl.　　余志满　绘

独占春

Cymbidium eburneum Lindl.

花如其名，花期霸气地占据了整个春天。在万物复苏的季节，早春的气息迎面扑来，春游时不经意间闯入山谷之中，发现身披白色舞衣的花仙子已悄然绽放，飞舞的白色仙子中央还有黄色斑块点缀着，增添了一丝丝明媚的气息。独占春的花箭直立或稍倾斜，常是一支花箭着生两朵兰花，一前一后似两只燕子相伴展翅高飞。因其特异的花形，独占春还有"双燕齐飞"或"双燕迎春"的美称。广州人还称其为"双飞燕"，也是因其所开的花形似两只正在飞翔的燕子而得名。

独占春不仅花形独特，还伴有淡淡清新怡人的香气，可谓是香、色、姿三美俱全。微风拂动之时，花枝微颤，叶片舞动，花香四溢，刹那间，美好的气息扑面而来。

独占春为附生兰。假鳞茎近纺锤状或卵状球形。叶6～17枚，带形。萼片和花瓣白色，有时稍有粉红色晕；唇瓣白色，通常具一中央黄色斑块，中裂片偶见浅紫红色斑。花期2—5月，果期翌年3—6月。生长于海拔300～2 000米的河谷岩石上或林中。产自云南西部、广西南部和西南部、海南南部和西部。印度、尼泊尔、缅甸和越南也有分布。

独占春是濒危植物。

Epiphytic on tree trunks in forest or on rock walls along valleys, altitude 300–2 000 m. Distributed in western Yunnan, Guangxi, Hainan. Flower February to May. Endangered species.

独占春 *Cymbidium eburneum* Lindl.　　邓盈丰　绘

34 多花兰

Cymbidium floribundum Lindl.

"君子如兰"，在我的印象中，君子是内敛的、谦逊的，而初见多花兰，花团锦簇，花中心红色，开得热烈奔放，这个"君子"是外向的、热烈的。

多花兰，以花多命名，每年4—8月开花，少则十几朵，多则四五十朵，一株多花兰便是一个大花篮。因其花多花美，具有极高的观赏价值，人们常把它作为盆栽花卉，置于公园中、绿地旁、庭院里，悦人悦己。

多花兰还有一个"孪生兄弟"，那就是果香兰（*C. suavissimum*）。它们不仅叶片相似，花的形态、数量也基本相同，很容易误认。在这里告诉大家一个区别两者的小窍门，即可以通过看花色、闻花香、观花期进行区别。看花色：花红褐色的是多花兰，黄绿色的是果香兰；闻花香：果香兰有水果的香气，而多花兰一般无香气；观花期：多花兰每年4月陆陆续续盛开，而果香兰要等到"五·一"之后才能赏花呢。

多花兰生于海拔100~3 300米的林中或林缘树上，或溪谷旁透光的岩石上或岩壁上，在我国浙江、江西、福建、台湾、湖北、湖南、广东、广西、四川东部、贵州、云南西北部至东南部等地区均有分布。近年来由于多花兰生长环境的退化，还有很多"爱花"人士的随意"溺爱"，导致其野生数量越来越少。

多花兰是易危植物。

Epiphytic on the tree trunks or at the edge of the forest, and on the photic rocks near the valley, altitude 100–3 300 m. Distributed in Zhejiang, Jiangxi, Fujian, Taiwan, Hubei, Hunan, Guangdong, Guangxi, eastern Sichuan, Guizhou and Yunnan. Flower April to August. Vulnerable species.

多花兰　*Cymbidium floribundum* Lindl.　　邓盈丰　绘

35 黄蝉兰

Cymbidium iridioides D. Don

　　黄蝉兰是兰属中的大花种，长势强健，易栽培并有较强的杂交亲和力，是一种较好的杂交育种亲本材料。黄蝉兰具有很高的药用价值，可散瘀消肿、用于治疗风湿性疾病、肺结核、哮喘等。

　　黄蝉兰并非花色纯黄，而是黄绿色的花瓣上带有褐色的条纹和斑点，由于花色和外形都与蝉相似而名为"黄蝉兰"。每年八月，在绿色带状叶丛的侧边，花莛会陆续从假鳞茎的基部穿鞘而出，近直立或水平向外伸展，长达40~70厘米，甚至更长，然后花柄上开始萌出一个个花苞，最终绽放成3~17朵美丽的大花，直径可达10厘米，形成总状花序，并伴有香气；花冠呈漏斗状；狭卵状长圆形的黄绿色花瓣和萼片中有7~9条淡褐色或红褐色的粗脉；淡黄色3裂的唇瓣略短于花瓣，且侧裂片上也具有类似的粗脉，中裂片外弯，有红色斑点，黄色褶片前部具有栗色斑点；侧萼片具短毛并稍扭转。花期为8—12月，蒴果椭圆形，直径6~11厘米，具有长刺和薄膜质的边缘。

　　黄蝉兰模式植物采于尼泊尔。大家对于黄蝉兰这个种可能不太熟悉，因为野生的黄蝉兰并不常见，多附生于海拔较高（900~2 800米）且气候温润的密林、灌木林中的乔木上或岩石岩壁上。分布于四川、云南、西藏、贵州及印度、尼泊尔、不丹、缅甸等地。

　　黄蝉兰是易危物种。

- -

Epiphytic on tree trunks or rock walls in dense forests and shrubs, altitude 900–2 800 m. Distributed in Sichuan, Yunnan, Tibet and Guizhou. Flower August to December. Vulnerable species.

黄蝉兰　*Cymbidium iridioides* D. Don　　黄少容　绘

碧玉兰

Cymbidium lowianum (Rchb.f.) Rchb.f.

　　当春姑娘迈着轻盈的脚步来到大地，碧玉兰就像一位亭亭玉立的少女，穿着淡黄的长裙站在阳光里，一阵微风吹来，叶子沙沙响，就像给碧玉花鼓掌似的。当花骨朵儿还含苞欲放时，她就像雨后的露珠，胀鼓鼓的，似乎一碰就要裂开。开花时，嫩黄色的花瓣还有红黄相间的唇瓣，像极了娃娃调皮的笑脸。碧玉兰，还是妙手回春的医师。它的根、叶、花、果都有一定的药用价值。别看碧玉兰的根不起眼，它能够外接伤骨；叶子是百日咳的克星；美丽的花朵也可治咳嗽。碧玉兰的花期在5—8月。

　　碧玉兰分布于中国云南西南部至东南部，缅甸和泰国也有分布，生长于海拔1 300~1 900米的林中树上或溪谷旁岩壁上。碧玉兰的主要识别特征是萼片和花瓣为苹果绿色或黄绿色，有红褐色纵脉，唇瓣淡黄色，唇瓣中裂片上有深红色的V形斑；花瓣狭倒卵状长圆形。

　　碧玉兰是濒危植物。

Epiphytic on tree trunks in dense forests or rock walls along valleys, altitude 1 300–1 900 m. Distributed in southwest to southeast of Yunnan. Flower April to May. Endangered species.

碧玉兰 *Cymbidium lowianum* (Rchb.f.) Rchb.f.　　邓晶发　绘

扇唇指甲兰

Aerides flabellata Rolfe ex Downie

初夏，在静谧的兰园里郁郁葱葱的高大乔木树干上，扇唇指甲兰开始进入花期。作为一种附生兰花，扇唇指甲兰粗壮裸露的根紧紧地依附在树皮上，肥厚带状的深绿色叶片看上去十分健壮，从叶腋长出来的总状花序上绽放出几朵小花，一场华美的舞会在这小小的空中花园里拉开序幕。

扇唇指甲兰的花虽不大，但小巧精致。最引人注目的是那白底上有鲜艳紫色斑纹的唇瓣，唇瓣的形状像是小丫头捏着裙角，提起裙摆来炫耀她的小花裙。唇瓣的先端反着，侧面观呈半圆形，像是一个漂亮精致的耳坠。扇唇指甲兰的萼片和花瓣肉质肥厚，黄褐色带红褐色斑点，就连花中心的蕊柱上都有几个褐色斑点。整朵花给人以"美女和野兽共舞"的感觉。

热闹的舞会能持续一个月，随后渐渐沉寂下去。繁华过后，主角退场，只留下带状的叶片随风摇曳，默默地向路过的行人述说着曾经的盛宴。扇唇指甲兰的花期在5月。

指甲兰属全世界分布有25种，中国有5种。扇唇指甲兰主要产于云南东南部至南部的勐腊、勐海、金平等地区，常生于海拔600~1700米的林缘和山地疏生的常绿阔叶林中树干上。扇唇指甲兰的主要辨识特征是唇瓣中裂片具长爪，前端扩大呈扇状，蕊柱足短。

扇唇指甲兰是濒危植物。

Epiphytic on tree trunks in sparse evergreen broad-leaved forests or at forest margins, altitude 600–1 700 m. Distributed in Yunnan. Flower May. Endangered species.

扇唇指甲兰 *Aerides flabellata* Rolfe ex Downie   邓晶发 绘

38 牛齿兰

Appendicula cornuta Blume

牛齿兰的花儿或顶生或侧生，藏于叶片的下面，小巧洁白。清晨，当牛齿兰的花儿被露珠叫醒时，它就用被露水浸润了的喉咙，发出清脆的嗓音，在山间唱着泉水的歌谣。泉水叮咚响，泉水叮咚响，它带着人们回到了童年。它的枝条又好似一股清凉的流水潺潺流淌，给人清新自然之感。也据说，因其小小白白的花长得像牛的牙齿，得名牛齿兰。

牛齿兰的花在花序轴上排列成总状花序，一般长1~1.5厘米，可有2~6朵花，花序下方的花朵最早开放。起初，一个个小花苞挂在花序轴上，待到环境条件适宜，沐浴了阳光也汲取够了营养，像蚕宝宝似的花朵便要绽放了，这时，我们可以凑近仔细瞧瞧这些小花朵。牛齿兰的花朵有六瓣一蕊，分为三轮。最外的一轮是萼片，称为"外三瓣"，中间的一轮则称为"内三瓣"，最里面的则不用多说，就是"柱蕊"啦。牛齿兰的两枚侧萼片呈斜三角形，顶端急尖，中萼片矩圆形，内凹陷，它

们仨和谐地组合在一起，像是一个小宝宝，哭闹着展开双手在说"我要抱抱"似的，多惹人怜爱啊。等到授粉完成，花朵的颜色便渐渐变深，很快就枯萎脱落。

牛齿兰花期在每年的7—8月，盛花期在8月，虽是炎热的夏季，但牛齿兰会生长在阴凉的地方，林中岩石或阴湿石壁上，在一年中最炎热的季节，盛开自己，期待着与授粉昆虫的约会。

牛齿兰属全世界有146种，分布在亚洲热带地区至大洋洲，中国有6种。牛齿兰主要产于广东南部、香港和海南，常生长于海拔800米以下的林中岩石上或阴湿的石壁上。牛齿兰的主要辨识特征是唇瓣上部有一枚肥厚的、褶片状的附属物，近基部又有另一个附属物。

Lithophytic on rocks in forests or on humid cliffs, altitude below 800 m. Distributed in southern Guangdong, Hong Kong and Hainan. Flower July to August.

牛齿兰　*Appendicula cornuta* Blume　　余志满　绘

'贝莎'蜻蜓万代兰

Aranda 'Bertha Braga'

'贝莎'蜻蜓万代兰是属间杂交种，由蜘蛛兰属的*Arachnis tricolor*和万代兰属的*Vanda* Maggie Oei杂交选育的新品种，该品种于1956年首次开花并在1957年1月1日登录英国皇家园艺学会，是以其培育人新加坡殖民政府卫生部部长A. Braga的女儿的名字命名。贝莎蜻蜓兰拥有独特的蜘蛛状外形，萼片与花瓣细长，且分得很开，酷似蜘蛛的长腿，黄绿色的花朵上布有紫褐色的斑点，唇瓣中裂片，厚肉质，呈鲜紫红色，具有万代兰的特征，但整体来看又似蜻蜓，令人过目不忘，也被称为兰花中的"蜘蛛侠"。华南植物园早年从国外引进，作者第一次见到它时，发现它除了具有蜘蛛侠般的外形外，更具有几分独特的英气。

该杂交种为常绿附生草本植物。属单轴生长，茎坚实粗壮，常攀援生长于树冠上或岩石上，叶具多数，排列成2行。总状或圆锥花序，疏生数朵花，花寿命长，常用于庭院绿化，也可作切花观赏，在东南亚及欧美地区十分流行。

Aranda 'Bertha Braga' is the new orchid variety bred in Singapore Orchid Garden in 1957, maternal is *Arachnis tricolor* and paternal is *Vanda* Maggie Oei. It was named after the daughter of A. Braga, Minister of Health of Singapore.

'贝莎'蜻蜓万代兰 *Aranda* ˋBertha Bragaˊ 邓盈丰 绘

40 '紫罗兰'蜻蜓万代兰

Aranda 'Speckled Violet Purple'

'紫罗兰'蜻蜓万代兰首先映入眼帘的是它那两列排序整齐的叶片,给人以刚毅而坚定的感觉。绘图时,在表现那几十枚近乎相似的叶片时,得考虑画面的美感,为此,必须摒弃那种印章式的表达方式,在符合生长规律的前提下,把受光照、环境影响而变化的叶片姿态充分表达出来。在整个植株中,它的气生根又是一大亮点,它们粗壮坚挺,在画面中起到了平衡稳定的作用。在深绿色叶片的映衬下,那紫罗兰色的花朵才显得更加妩媚动人。

每年十月间,植物园的珍奇兰花展览温室都有'紫罗兰'蜻蜓万代兰的倩影。'紫罗兰'蜻蜓万代兰是蜻蜓兰和万代兰的杂交后代,集蜻蜓兰和万代兰的美貌于一身。'紫罗兰'蜻蜓万代兰还有一个非常荣耀的同胞姐妹——'李光耀'蜻蜓万代兰,这是新加坡为纪念开国总理李光耀而以他的名字命名的兰花。'紫罗兰'蜻蜓万代兰遗传了万代兰的花色,它的花是非常梦幻的淡紫色,缀有深紫色的斑点。

而它的花形则更像蜻蜓兰,花瓣是消瘦的长圆形,花瓣之间较空疏。和它的父本万代兰一样,'紫罗兰'蜻蜓万代兰株形挺拔,花期长,气生根非常发达,生命力强盛。

和文心兰、卡特兰、蝴蝶兰、石斛兰一样,万代兰也有非常多的杂交品种。兰花园艺学家为了培养出更加美丽的后代,对兰花们进行了自由的婚配。他们不光让同属兰花结亲,也让不同属的兰花进行远缘结合,还常常采用反交、回交等路数,使兰花品种的血统越来越复杂。辨认兰花品种是一件非常困难的事儿,随便拎出一个就可以考倒一个兰花分类学家。久而久之,众多美丽的兰花品种就丢掉了名字,成了无名氏,最多只知道属名。

Aranda 'Speckled Violet Purple' is the hybrid offspring of *Tulotis* and *Vanda*, and combines the beauty of the two.

'紫罗兰'蜻蜓万代兰　*Aranda* 'Speckled Violet Purple'　　余峰 绘

41 兜唇柏拉兰

Brassavola cucullata (L.) R.Br.

　　柏拉兰还有一个非常梦幻的名字叫夜夫人兰，这个名字恰如其分。仲夏季节是柏拉兰的盛花期，每当夜晚来临，它会散发出甜蜜的香气，沁人心脾。柏拉兰的萼片和花瓣像长长的丝带，唇瓣是一个完整的心形，颜色是奶白色的，夜色中明晰可辨。在夏夜里，柏拉兰像是穿着长长的白色睡袍的美人，无比妩媚。晚风吹来，她的花儿轻轻舞动，伴着令人沉醉的甜蜜，真像一场梦。

　　拥有柏拉兰却并不是一个梦，因为其非常容易种植。盆栽、悬挂栽植或者缚于树皮上均可成活。一本关于洋兰名品的书上有这样的描述："这种兰花同天竺葵和大岩桐一样容易栽培，因而是家庭初学养花者的首选对象"。兜唇柏拉兰是人们最喜欢栽培的柏拉兰，其叶子是肉质的圆柱形，下垂，细长的萼片和花瓣呈黄绿色，唇瓣的边缘有流苏，夏秋冬三季均可开花。兜唇柏拉兰喜光，充足的光照有利于植株生长与开花，成熟叶片甚至能承受全光照。

　　柏拉兰属有12~15个原种，大多分布在美洲热带的低海拔地区。墨西哥、加勒比海沿岸、西印度群岛、秘鲁、阿根廷等地均有分布。以柏拉兰为亲本培育出了许多非常漂亮、香气四溢又极易养护的品种，如'Wabash Valley''Addison Splash''海旋涡''Merimaid'等。

- -

Distributed in low altitude areas of tropical America. Mexico, the Caribbean coast, the West Indies, Peru, Argentina and other places are also distributed. Many beautiful, fragrant and easy to maintain varieties of *Cattleyan* have been bred from *Brassavola cucullata*.

兜唇柏拉兰　*Brassavola cucullata* (L.) R.Br.　　　邓晶发　绘

42

梳帽卷瓣兰

Bulbophyllum andersonii (Hook.f.) J.J. Smith

　　野外调查见到梳帽卷瓣兰是在2019年的清明节，那天半路下起了大雨，行程颇为艰苦。梳帽卷瓣兰附生在一面巨大的崖壁上，正值花期，它的花茎很细弱，勉强支撑着几朵小花。每当有雨水打来，风雨中花儿颤抖得更紧了。大雨中，它们艰难地开放着，像是有所等待，是等待撑着伞的我们出现在自己最美好的年华里吗？

　　梳帽卷瓣兰的花序呈伞形，长势旺盛的植株花茎上的小花数会多一些。小花们排成一个同心圆，中心一圈是黄色的花苞片，再一圈是紫红色的萼片，外边一圈是淡粉色的花瓣。梳帽卷瓣兰的两枚花瓣并在一起，每个花瓣像头部加大了的小半个半圆。梳帽卷瓣兰的根状茎和假鳞茎上有粗的纤维。假鳞茎上生有一片革质的叶子，叶子的先端有凹口。梳帽卷瓣兰的花期在2—10月。

　　梳帽卷瓣兰附生在林中树干上或林下岩石上，在广西、四川、贵州、云南的多个地方都有产，它适宜生长的海拔跨度较大，400~2 000米处均有分布。梳帽卷瓣兰的主要辨识特征是花浅白色密布紫红色斑点，侧萼片较短，并且合生成扁平的、椭圆形的合萼。

Epiphytic on tree trunks or rocks in forests, altitude 400–2 000 m. Distributed in Guangxi, Guizhou, Sichuan and Yunnan. Flower February to October.

梳帽卷瓣兰　*Bulbophyllum andersonii* (Hook.f.) J.J. Smith　　　余志满　绘

43

赤唇石豆兰

Bulbophyllum affine Lindl.

初夏，赤唇石豆兰裸露根状茎的节处争先恐后地冒出花芽，刚开始像毛笔头，笔尖处有着紫色的条纹，渐渐地花莛伸长，待顶部的花苞低下头，一朵清新可人的兰花便绽放了。赤唇石豆兰的花萼与花瓣长得很像，都是淡黄色带紫色条纹，不过花瓣的条纹是3条，而萼片的条纹为5条，花瓣比萼片略短一些，没经验的话是很容易混淆的。整朵花的造型像童话故事里的姜饼人，下面两枚萼片的造型像姜饼人的两条腿，两枚横伸的花瓣像是姜饼人张开的双臂，至于顶上的那片萼片，就是姜饼人的脑袋了。赤唇石豆兰的唇瓣短而肥厚，金黄色，两侧边缘有深紫色的斑块。当然，如果你熟悉海洋生物的话，没准也会觉得这朵花像一只漂亮的海星。赤唇石豆兰长圆形厚实革质的叶片"站立"在近圆柱形的假鳞茎上，叶与叶之间也就几厘米距离。它的叶与假鳞茎看上去虽然没有其他石豆兰的茎叶那么可爱，但也是规规矩矩地沿着根状茎的方向排好队。赤唇石豆兰的花期在5—7月。

赤唇石豆兰主产于台湾、广东西部、海南、广西、四川和云南南部，常生长于海拔100～1 550米的林中树干上或沟谷岩石上。其主要的辨识特征是唇瓣不裂，萼片近等大。

Epiphytic on tree trunks or rocks in forests or along valley, altitude100–1 550 m. Distributed in Taiwan, western Guangdong, Hainan, Guangxi, Sichuan and southern Yunnan. Flower May to July.

赤唇石豆兰　*Bulbophyllum affine* Lindl.　余汉平　绘

44

直唇卷瓣兰

Bulbophyllum delitescens Hance

在古代，笄礼是女孩子们的成人礼，行笄礼时女孩子们改变了幼年的发式，将长长的头发绾成一个髻，随即以笄插定发髻。直唇卷瓣兰花的形状像是紫宝石笄子。其花的颜色是紫色，两个侧萼片细长细长的，平行靠拢在一起，像是笄子的身子，中萼片、花瓣像是装饰在笄子头部的花儿。像大多数卷瓣兰一样，直唇卷瓣兰的根状茎较粗壮，并且会产生分枝。假鳞茎是卵形的，上面生着一片叶子，叶子的颜色和质地给人以非常健康的感觉。直唇卷瓣兰的花葶和假鳞茎一起从根状茎上发出，花葶较细，直立着，上面有一个伞形的花序，娉娉婷婷的。直唇卷瓣兰的花期很长，可以从4月开起，边谢，边开，一直持续到11月。

石豆兰属是兰科中的第一大属，全世界有1867种，分布于亚洲、美洲、非洲等热带和亚热带地区，大洋洲也有分布，中国有130种。直唇卷瓣兰主要产于福建南部同安、龙梅、诏安，海南保亭、陵水、三亚、乐东、昌江、临高，广东东部，香港，云南东南部和南部，西藏东南部，生长于海拔约1000米的山谷溪边岩石上和林中树干上。直唇卷瓣兰的主要辨识特征是中萼片和花瓣先端具有1条长的芒，蕊柱齿长而宽，先端不等侧2裂。

直唇卷瓣兰是易危植物。

- -

Epiphytic on rocks along streamsides or valleys, tree trunks in forests, altitude 1 000m. Distributed in Fujian, Guangdong, Hainan, Tibet and Yunnan. Flower April to November. Vulnerable species.

直唇卷瓣兰 *Bulbophyllum delitescens* Hance   余志满　绘

45

密花石豆兰

Bulbophyllum odoratissimum Lindl.

　　石豆兰家族非常庞大，这个大家族中约有1 800个兄弟姐妹，其中不乏许多花型奇异的种类。它们美丽而出众，不论在什么场合，总是毫无例外地受宠。不过密花石豆兰的花型并不奇特，花色也不抢眼，是一个普普通通的石豆兰。密花石豆兰的单花很小，整个花序只有指甲盖那么大，毛茸茸的，这个花型在石豆兰属中是比较有辨识度的，见过一次就不会忘记。密花石豆兰多附生在高大的石壁上，石壁终年很少见到阳光，上面布满了经年的褐色苔藓，这种环境总是给人以岁月的幽深感。密花石豆兰在石壁上顽强地生长，在褐色苔藓中开出星星点点的白色小花，这些小小的花朵像是从苍凉中迸发，穿过了层层岁月而终不曾泯灭的希望。密花石豆兰的植株较小，假鳞茎上生有一枚小叶片，革质，先端稍稍凹入。它的花序缩短成伞形，上面密密地挤着10余朵小花，花有微弱的香气，花初开时白色，之后慢慢变成橘黄色。密花石豆兰在4—8月开花。

　　密花石豆兰是广布种，在福建、广东、香港、广西、四川、云南、西藏等地区都有分布。常生长在海拔200～2 300米的林中树干上或山谷岩石上。密花石豆兰的主要辨识特征是花莛生于假鳞茎基部侧面，比假鳞茎长2倍以上，唇瓣侧面和边缘均具腺毛。

Epiphytic on tree trunks in mixed forests, rocks along valleys, altitude 200–2 300 m. Distributed in Fujian, Guangdong, Hong Kong, Guangxi, Sichuan, Yunnan and Tibet. Flower April to August.

密花石豆兰　*Bulbophyllum odoratissimum* Lindl.　　余志满　绘

46

匙萼卷瓣兰

Bulbophyllum spathulatum (Rolfe ex E.W. Cooper) Seidenf.

　　匙萼卷瓣兰在每年的10月开花，它花的形状颇为可爱，像极了那种专供幼儿使用的浅浅的勺子。盛开的匙萼卷瓣兰总是会勾起人许多温暖的回忆，以及回忆中珍藏的那些温柔的人。记得小时候，奶奶时常用一只浅浅的白色瓷勺子给我喂饭，她总是会说"大口大口吃，这样才能快快长大"。当我真正长大的时候，她已经老了，单薄得像一条影子。

　　匙萼卷瓣兰压扁的花梗连同子房像是勺子的柄，两个紧紧地靠合在一起的侧萼片像勺子的头部。花序排列成伞形，一个花序上可着生20余朵小花，像是屯了许多小勺子。匙萼卷瓣兰的假鳞茎疏生在根状茎上，花葶从根状茎末端的假鳞茎基部生出，花序基部有紫红色的佛焰苞，花葶顶部每朵小花下面有长圆形的花苞片。匙萼卷瓣兰的根成束，出自生有假鳞茎的根状茎节上，它的叶肉质，长圆形，每个假鳞茎上生有一枚叶子。匙萼卷瓣兰的花期在10月。

　　匙萼卷瓣兰产于云南南部和海南，生长于海拔约860米的山地阔叶林中树干上。匙萼卷瓣兰的主要辨识特征是假鳞茎圆锥形，侧萼片边缘彼此联合形成拖鞋状。

　　匙萼卷瓣兰是易危植物。

Epiphytic on the tree trunks of mountain broad-leaved forests, altitude 860 m. Distributed in southern Yunnan and Hainan. Flower October. Vulnerable species.

匙萼卷瓣兰　*Bulbophyllum spathulatum* (Rolfe ex E.W. Cooper) Seidenf.　　余志满　绘

47

等萼卷瓣兰

Bulbophyllum violaceolabellum Seidenf.

在植物园里工作，常常会被游客们羡慕，"你们可真幸福啊，有这么多花儿相伴"。殊不知，养花是最容易让人产生悲戚之情的。一株草木，用一年甚至几年时间默默地生长，只为能开几日的花儿，花期又是那么的短暂。一日春风送暖蓓蕾开，又一日骤雨乍来红消香断，此般光景，会让人联想到人生的种种境遇，不免生出悲戚之情来。我们在野外见到等萼卷瓣兰时，它已经过了花期，但是它在大树上繁茂生长的气势也足以让人惊叹。等萼卷瓣兰的叶子是革质的，深绿色，比较坚硬，一个假鳞茎上只生出一片叶子，从树下看它的叶子密密匝匝，将整个硕大的树枝里里外外包裹了起来。植物园里有几株引自云南的等萼卷瓣兰，它们每年都会长出一支花茎，花莛直立，上面生有三五朵小花。小花在花序上的排列很有特色，它们有近似等长的花柄，几乎在同一个平面上等间距地排开，构成了一个扇面，一朵朵小花装饰在扇子的边缘。等萼卷瓣兰的萼片和花瓣是黄色的，上面缀有紫色的斑点，花心处的唇瓣呈紫丁香色。若是一树的等萼卷瓣兰正在盛开，该是怎样的灿烂啊。等萼卷瓣兰的花期在4月。

等萼卷瓣兰主要分布在云南南部的勐腊地区，常生长于海拔700米左右的石灰岩山坡疏林中的树干上。如其名，等萼卷瓣兰的主要的辨识特征是萼片近等长，且长度不及1厘米。

等萼卷瓣兰是濒危植物。

Epiphytic on trees or rocks in open forests in limestone areas, altitude 700 m. Distributed in Yunnan (Mengla). Flower April. Endangered species.

等萼卷瓣兰　*Bulbophyllum violaceolabellum* Seidenf.　　余志满　绘

48

银带虾脊兰

Calanthe argenteostriata C.Z. Tang & S.J. Cheng

华南植物园兰园是岭南庭院式的园林景观。"雨打芭蕉"处景点取文人书房构型，东西北三面是白色的栏杆，南面是漏花墙，中间还有一堵隔墙，将整个空间分隔为两个房间，墙上开有五边形漏窗。窗外是大片栽植的芭蕉，营造蕉雨的意象。窗里是附植、挂植和地栽的各色兰花。银带虾脊兰就栽植在墙角下，与虎斑石的墙体甚为相融。

银带虾脊兰的叶子呈椭圆形，深绿色的叶面上镶嵌有一条条银灰色的条带，煞是美丽。花葶从叶丛中央抽出，上面覆盖着密密的短毛，花葶上还有几枚筒状鞘，小花在花葶顶端着生成总状花序。银带虾脊兰的花开得并不繁茂，它的萼片和花瓣成黄绿色，唇瓣初开时是亮白色，渐渐会变成黄色，花心处有一点金黄色，是蕊柱基部金黄色的小瘤状物。银带虾脊兰可以像绿萝一样进行水培法栽植，是非常不错的观叶花卉。

银带虾脊兰产于广东北部、广西西南部、贵州西南部和云南东南部。生长于海拔500～1 200米的山坡林下的岩石空隙或覆土的石灰岩面上。银带虾脊兰的主要辨识特征是叶片上具数条银灰色的条带，花白色。

银带虾脊兰是易危物种。

It grows in the rock gap under the hillside forest or on the limestone surface covered with soil, altitude of 500–1 200 m. Distribute in northern Guangdong, southwestern Guangxi, southwestern Guizhou and southeastern Yunnan. Vulnerable species.

银带虾脊兰　*Calanthe argenteostriata* C.Z. Tang & S.J. Cheng.　　余志满　绘

49

棒距虾脊兰

Calanthe clavata Lindl.

华南植物园高山植物温室中的虾脊兰长得非常茂盛，每年都有新的植株生长出来，现在已经有非常可观的一大丛了。棒距虾脊兰的叶子大型，高山植物温室中虾脊兰的叶子差不多有80厘米长，叶子挑在长长的叶柄上，叶面上打着许多皱褶，叶色翠绿，有很好的造景效果。遗憾的是，棒距虾脊兰无论是栽植在高山植物温室或者保育温棚里，它叶子的先端都很容易干枯。棒距虾脊兰的花序可以长到和叶片一般高，花序上生着许多鹅黄色的小花，小花的苞片像许多轻盈的羽毛插在小花之间。花序从下到上渐次开放，往往是下部的小花已经开放了，上部的小花还是一个个稚嫩的小花苞。棒距虾脊兰开放了的花疏密有致地着生在花序上，上面是未开放的花苞，配以羽毛般花苞片，很有中国画水墨晕染的写意感。但是它的苞片变黑后不能及时地从花序上掉落，而且药帽和花粉块也很容易变黑，黑黑的一点点落在花心处，极大地影响了观赏效果。棒距虾脊兰在11至12月间开花。

棒距虾脊兰的分布范围很广，从印度到东南亚，到我国的西藏、云南、广东、广西、福建、海南都有分布，常生于海拔870~1300米的山地密林下或山谷岩边。棒距虾脊兰的主要辨识特征是唇瓣与蕊柱翅合生而形成管，在近管口处具2枚三角形的褶片；唇瓣中裂片近圆形，基部无爪；黏盘近心形。

Ground-living under dense forest or beside valley rocks in mountain, altitude 870-1 300 m. Distributed in Fujian, Guangdong, Hainan, Guangxi, Yunnan and Tibet. Flower November to December.

棒距虾脊兰 *Calanthe clavata* Lindl.   余志满 绘

50

密花虾脊兰

Calanthe densiflora Lindl.

若是在没有花果的情况下，将虾脊兰属的几个种鉴定错了，那确实情有可原。常听研究兰花分类的老师说，虾脊兰属有几个种非常难鉴别。这样的话听多了，好像有了心理暗示，一见到虾脊兰属就紧张。本书编写组的分类学专家对虾脊兰属的几张画作非常慎重，反复查证。密花虾脊兰在没有开花的时候，与南方虾脊兰、棒距虾脊兰长得酷似，植物园里保育的密花虾脊兰当初就被误以为是棒距虾脊兰了。开花以后，密花虾脊兰与棒距虾脊兰就比较容易区分了。密花虾脊兰的花序较短，基本上只与叶柄持平，而且小花排列紧密，整个花序成球状。植物园里保育的密花虾脊兰长势并不茂盛，和棒距虾脊兰一样，它的叶尖很容易干枯，一副病怏怏的样子。密花虾脊兰强撑着开了花，然而并不美丽，小花的苞片好像在花还没有打开前就变黑了，一片片插在花序上，让花在蕾期就已经有了衰败感。好几次我在观察密花虾脊兰物候的时候，都被它早衰的模样给蒙骗了，把蕾期记成了末花期。在野外调查时，林中自然生长的密花虾脊兰长势旺盛，叶片非常鲜嫩，还有几株上面挂满了圆鼓鼓的小果实。它们的果实悬垂在花序轴的下侧，透亮透亮的，一个个挤在一起，排成一溜，非常可爱，让人忍不住想要捏一下。看着野外恣意生长的密花虾脊兰，再想到植物园里被仔细伺候着却病恹恹的那几株密花虾脊兰，感慨之情油然而生。密花虾脊兰的花期在8—9月。

密花虾脊兰的分布比较广泛，在台湾、广东、海南、广西、四川、云南、西藏等地区都有分布，生长在海拔1 000~2 600米的混交林下和山谷溪边。密花虾脊兰的主要辨识特征是距圆筒形；总状花序球形，由许多放射状排列的花所组成；唇瓣基部稍与蕊柱翅的基部（约占整个蕊柱翅长的1/4处）合生；蕊柱细长，长1.2厘米。

Ground-living under mixed forests, along streamsides and valleys, altitude 1 000–2 600 m. Distributed in Guangdong, Guangxi, Hainan, Sichuan, Taiwan, Yunnan and Tibet. Flower August to September.

密花虾脊兰　*Calanthe densiflora* Lindl.　　　余志满　绘

51 乐昌虾脊兰

Calanthe lechangensis Z.H. Tsi & T. Tang

    乐昌虾脊兰是广东省的特有兰花物种，最初在韶关乐昌地区发现，于是就以乐昌冠名了。在韶关地区进行野生兰花调查时，经过艰苦的寻找，发现了几处长势良好的乐昌虾脊兰。乐昌虾脊兰多生长在溪谷边荫蔽潮湿的地方，与其他的草本和藤本植物挤在一起生长。乐昌虾脊兰每个植株只生有一片叶子，它的叶柄细细长长的，将椭圆形的叶子托举起来，叶子上有明显的脉纹。乐昌虾脊兰的花、花柄和子房都是粉红色的，花的内面颜色较浅，是淡粉色，背面颜色加深成粉紫色，花倒垂在花序上。乐昌虾脊兰的唇瓣是卵圆形的，裂片明显，唇瓣中间有褐色的斑纹。《中国植物志》对乐昌虾脊兰生境、海拔等的记录还缺乏更详细的资料，作为广东特有种，乐昌虾脊兰有很高的研究和保护价值。乐昌虾脊兰的花期在3—4月。

    虾脊兰属在全世界有216种，主要分布在亚洲的热带和亚热带地区、新几内亚岛、大洋洲、非洲以及中美洲。中国有56种，主要产于长江流域及其以南各省区。乐昌虾脊兰主要分布在广东北部的乳源和乐昌，生长于海拔420～1 000米的密林中。乐昌虾脊兰的主要辨识特征是唇瓣中裂片长约1厘米，边缘略波状，但不为流苏，叶1枚，花浅红色。

    乐昌虾脊兰是濒危植物。

Ground-living in dense forests, altitude 420–1 000 m. Distributed in Guangdong (Ruyuan, Lechang). Flower March to April. Endangered species.

乐昌虾脊兰 *Calanthe lechangensis* Z.H. Tsi & T. Tang　　邓盈丰　绘

三褶虾脊兰

Calanthe triplicata (Willem.) Ames

　　三褶虾脊兰在每年四月开花，她高高的花葶俊生生地俏立着，顶上开出了许多纯净的白色小花。小花们甚是轻灵，一阵微风吹来，她们便交替舞蹈起来。三褶虾脊兰的小花排成总状花序，像是一群在帘幕后踮着脚张望，迫不及待想要走上舞台跳舞的小姑娘。华南植物园里有为数众多的三褶虾脊兰，栽植在水池边山石旁，长势颇为旺盛。四五月份，暮春时节，她们白色的花序从山石间生长了出来，远远望去，颇像是一片片驻足在山石上的白云。三褶虾脊兰的叶子葱茏翠绿，总体上呈椭圆形，叶子上有三条皱褶，这也是得名"三褶虾脊兰"的原因。春去花落，花期过后的三褶虾脊兰也不落寞，她的叶子更加郁郁葱葱，呈现另一派欣欣向荣。在野外有授粉昆虫的情况下，三褶虾脊兰的每个小花都会结出一个椭圆形的小果实，每个花序上都坠满了累累硕果。但是植物园里的三褶虾脊兰却因为没有传粉昆虫，很少结果。三褶虾脊兰的小花很有辨识度。她的唇瓣深裂成四个小裂片，活像是一个伸展着胳膊、跨开双腿卖力做运动的人。三褶虾脊兰的花心处点染一点橘红，这是她蕊柱基部橘红色的小瘤状附属物。

　　三褶虾脊兰产于福建南部、台湾、广东西南部和北部、香港、海南、广西和云南等地，生长于海拔1 000～1 200米的常绿阔叶林下。三褶虾脊兰的主要辨识特征是中裂片上的小裂片线状长圆形，宽约3.0毫米。

Ground-living under broad-leaved forests, altitude 1 000–1 200 m. Distributed in southern Fujian, Taiwan, southwestern and northern Guangdong, Hong Kong, Hainan, Guangxi and Yunnan.

三褶虾脊兰 *Calanthe triplicata* (Willem.) Ames   余志满 绘

53 美柱兰

Callostylis rigida Blume

一个个棕色、小拳头似的花骨朵儿，聚在一枝枝花莛上。一缕阳光照过来，一个稍大的"拳头"轻轻舒展开来，微微一笑，开成了一朵温文尔雅的——美柱兰。

你看它，花朵不大，黄绿色的基调，那披着细细、短绒毛的花瓣、花萼，五角星似地向四周开展，唇瓣呢？唇瓣红褐色，被轻轻托起位于花朵中央的下部。花的中央蕊柱小巧而精致，微微向唇瓣的方向弯着，基部还有一暗紫色的圆形的胼胝体。美柱兰将朴实的内心世界敞开着，没有华丽的色彩，但花朵中央的精巧结构，无疑是想告诉它的来访者——来吧！到我的怀抱里来吧，我这里为你精心准备好了"停机坪"，还有可口的点心，如果你愿意，还可以在我这里歇歇脚时看看风景，静享美好的时光……

美柱兰的叶鞘膨大，略呈圆柱形或梭形；数枚带状长椭圆形的叶片，整齐地排成两列，细看叶片顶端，裂成2个小小的圆形，并不对齐。植株的基部根状茎不断地延伸，它们要为美柱兰的生存寻找适合的地盘，看啦，已经有数条、十余条虹龙般的根发出来了，有的已经牢牢地扎在附生的树皮上，有的还在空中飞舞……美柱兰的花果期在5—6月。

美柱兰属全世界共5种，分布于东南亚至喜马拉雅地区，中国有2种。美柱兰产于我国云南南部，常生于海拔1 100～1 700米混交林中树上。美柱兰的主要辨识特征是植株具根状茎及假鳞茎，假鳞茎近梭形，彼此相距0.5～1厘米。

Epiphytic on trees in mixed forests, altitude 1 100–1 700 m. Distributed in southern Yunnan. Flower and Fruit May to June.

美柱兰　*Callostylis rigida* Blume　　余志满　绘

54

卡特兰杂交种

Cattleya hybrid

三十年前的一天，华南植物园兰花组的蔡秀凤老师拿着一盆卡特兰来到绘图室交给我们画，刚好办公室里只有我一人，我顺理成章地接下了这个任务，并暗自高兴。因为我曾经见过别人画这个种时，错误采用了来回渲染的方法，色彩显得既脏又灰哑，没有表现出卡特兰的神韵和质感。为此我尝试采用了水彩画中的湿画法、结合国画技法中的一笔点染接色法一气呵成，这样一来唇瓣的丝绒感、花瓣的飘逸感就能与坚挺的革质叶片区分开来了。

卡特兰是热带兰中花朵最大、色彩最艳的种类，在国际上享有"洋兰之王"的美誉。卡特兰风情万种、明艳招摇，与如君子、似美玉的国兰差异甚大。卡特兰品种甚多，已达到了3万多个，其中大部分是与其有亲缘关系的类属，如蕾丽兰属（*Laelia*）、柏拉兰属（*Brassovalo*）和朱色兰属（*Sophronitis*）之间的异属杂交后代。卡特兰可能是人类最早栽培的洋兰之一，现今巴西、哥伦比亚、哥斯达黎加等国将其定为国花。其花色美艳，有淡紫、粉红、紫红、橘红、朱红、黄、蓝、绿、白等多个色系，各种颜色的花瓣再搭以迷幻的唇瓣，像风情万种的拉丁女郎般绚丽迷人。

卡特兰属全世界有129个原生种，原产中南美洲，从墨西哥到巴西均有分布，多附生在高海拔地区雨林里的大树上或岩壁上。我国无野生卡特兰分布。卡特兰的属名*Cattleya*是为纪念英国园艺学家威廉·卡特列（William Cattley），他对卡特兰的栽培和推广做出了巨大的贡献。

Native to central and South America, from Mexico to Brazil are distributed, mostly epiphytic in high-altitude rainforest trees or cliff. Cattleya may be one of the earliest cultivated orchids. There are more than 30 000 cultivars of *Cattleya*. Most of them are the cross progenies of different genera with which they are related, such as *Laelia*, *Brassovalo* and *Sophronitis*.

卡特兰杂交种　*Cattleya* hybrid　　余峰　绘

55

大序隔距兰

Cleisostoma paniculatum (Ker Gawl.) Garay

在广东野外的林下或岩石上，偶尔可以看到大序隔距兰，它个头不高，白绿色的气生根牢牢地攀附着树干或岩石，叶子带状革质，包裹着茎。

大序隔距兰的花期颇长，可以从5月一直开到9月。开花时长长的圆锥花序从叶丛中探出，如瀑布般铺洒开来，花序上的花小而密集，自下往上逐步开放。起初花儿们是绿色的小花苞，过了几天，花距首先突破花萼的包裹，在垂直于花梗的方向上伸出头来，使它们看上去像一把把小锄头。花儿们飞快地生长，没过几日，萼片和花瓣就张开了，它们吐露着芬芳，尽情欢享大自然的阳光雨露，绽放着一朵花儿最美的年华。

大序隔距兰的花虽然比指甲盖还小，但仔细观察会发现它的花很精巧。最引人注目的是花瓣的颜色，除金黄色的唇瓣外，萼片和花瓣背面是黄绿色，内面却被黄色的边缘和中肋分割成两条紫褐色的斑块，宛如搽了最潮色唇膏的嘴唇。

隔距兰属全世界有88种，分布于热带亚洲至大洋洲，中国有18种，主产于南方诸省区。大序隔距兰在江西、福建、台湾、广东、香港、海南、广西、四川、贵州、云南等地均有产，常生长于海拔240～1 240米处常绿阔叶林中的树干上或沟谷处林下岩石上。大序隔距兰的主要辨识特征是花序圆锥形、分枝较多而长、花瓣先端渐尖、唇瓣中裂片先端翅状。

Epiphytic on tree trunks in broad-leaved evergreen forests, or on rocks along wooded valleys, altitude 240–1 240 m. Distributed in Fujian, Guangdong, Guangxi, Hainan, Jiangxi, Sichuan, Taiwan and Hong Kong. Flower May to September.

大序隔距兰　*Cleisostoma paniculatum* (Ker Gawl.) Garay　　余志满　绘

56

广东隔距兰

Cleisostoma simondii var. *guangdongense* Z.H. Tsi

行走在梧桐山里，常常见到林下的树干上，附着一丛丛奇怪的植物，没有扁平、显眼亮丽的叶片，植株由众多的绿色的"细棍棍"组成，飞舞凌乱，加之中间夹杂着浅色、略带卷曲的气生根，看起来似一丛丛乱草，这就是毛柱隔距兰的变种广东隔距兰。

广东隔距兰有着独特的、细圆柱形的茎，它的叶也是细圆柱形的，肉质，绿色，排在茎的两侧。附着在树干上的生活更需要努力耕耘，它的茎、叶努力地向上举着，生长着，吸收营养。生活无常，有雨水充足的日子，也有干旱炎热的季节，它利用肉质的叶、茎来蓄积水分，进行光合作用。如果你有幸在10月或者11月经过它们生活的树下时，你可以停下匆匆的脚步，用目光顺着它的茎生长的方向往上寻，就会看到一枝枝带着亮黄、红色小花的花枝，眼前的世界变得明亮起来。

广东隔距兰的小花像一个个小精灵，它们展开的花萼、花瓣，像小昆虫张开美丽的小翅膀，在静静地等待着谁的到来。看看小花朵，花儿不大，长仅1厘米左右，黄色的底色，衬得花萼、花瓣上的3条红色的脉纹很是醒目，它的唇瓣3裂，造型十分精巧，两侧裂片环抱着，中裂片浅黄白色，向前下方囊状兜起，距内壁上方的胼胝体中央像一张小方椅，中间下凹，估计这是特地为"客人"准备的，"来吧，来吧，来到我这里做客，有芳香的花蜜，有可口的花粉，还有舒服的坐椅……"好客的广东隔距兰用绽放的花朵向林中过往的小昆虫们释放信号。

花季悄悄地过去，当你看到一个个倒细锥形的果实开始挂上枝头，渐渐长大，你会不会感叹，大自然竟是如此神奇！广东隔距兰用它们的精心经营，为结出"胜利"的果实、繁育后代，一年又一年演绎着"有缘千里来相会"的传说。

隔距兰属全世界共有88种，分布于热带亚洲至大洋洲。中国有18种，主要产于南方诸省区。广东隔距兰产于我国福建、广东、香港、海南，常生于海拔500～600米的常绿阔叶林中树干上或林下岩石上。广东隔距兰的主要辨识特征是唇瓣中裂片淡黄白色；距内背壁上方胼胝体为中央凹陷的四边形，其四个角翘起。

广东隔距兰是易危植物。

Epiphytic on tree trunk in the evergreen broad-leaved forest or on the rock under the forest, altitude 500-600 m. Distributed in Fujian, Guangdong, Hong Kong and Hainan. Flower October to November. Vulnerable species.

广东隔距兰　*Cleisostoma simondii* var. *guangdongense* Z.H. Tsi　　　　余汉平　绘

57 流苏贝母兰

Coelogyne fimbriata Lindl.

"旧时王谢堂前燕，飞入寻常百姓家"，王谢堂上的兰花什么时候能在寻常百姓家开放呀？每次在兰花展上看到那些放置在精美的展台上，被防护栏围起来的兰花时，我心里总是升腾起这个愿望。流苏贝母兰就是寻常百姓家的兰花。在村庄周围的橄榄种植园、荔枝种植园的石头上常有成片的流苏贝母兰盛开着。种植园环境干燥，遮阴度很低，而且还有人和牛羊等的频繁干扰，流苏贝母兰还是长得那么茂盛，而且灿烂地盛开着。在植物园里，流苏贝母兰也是最容易在室外展示的原生种兰花，不管是附植在枯木上还是石头上，它都可以欣欣向荣地生长，熙熙攘攘地开花。流苏贝母兰的植株小巧可爱，指头大般嫩绿透亮的小瓜瓜（假鳞茎）上长着两片叶子，像兔子耳朵一样，通常许多小植株欢乐地长在一起，联合成一大片。流苏贝母兰从瓜瓜顶上两片叶子中间发出一支花莛，花莛比叶子稍低，顶生一朵花，花好像是被两片叶子捧着。流苏贝母兰的花黄中带褐，长相很特别，两枚花瓣变成了细丝状，插在花上，它的唇瓣比较长，伸出花外，唇瓣上有褐色的斑块。流苏贝母兰的花期很长，一个流苏贝母兰种群的花可以从秋天开到冬天。

贝母兰属全世界有200种，分布于亚洲的热带和亚热带南缘至大洋洲。中国有36种，分布范围比较广泛。流苏贝母兰从江西南部，到广东、海南、广西、云南、西藏东南部都有分布，常附生在岩石上或者大树的树干上，生长的海拔在500～1 200米。流苏贝母兰的主要辨识特征是唇瓣中间的裂片近圆形，唇盘上有3条明显的褶片，中间的1条褶片棕色，成脉状，边上的2条褶片到达了唇瓣先端，并在先端黏合在一起。

Epiphytic on tree trunks or rocks along streamsides, in forests, or at forest margins, altitude in 500–1 200 m. Distributed from southern Jiangxi to Guangdong, Hainan, Guangxi, Yunnan and southeastern Tibet. Flower August to October.

流苏贝母兰 *Coelogyne fimbriata* Lindl. 黄少容 绘

58 禾叶贝母兰

Coelogyne viscosa Rchb.f.

观察物候是植物园里的一项常规工作，年复一年，眼看着花开花谢，不由地让人生出几番感慨。昨日毫不起眼的微末草本，一朝花发，尽是鲜艳明媚，好像整个世界都属于它，而短短几日后，花谢去，一切又复归于沉寂，好像一切都不曾发生过，真是"明媚鲜妍能几时"啊。只有懂得了守得平常的美好的时候，才能真正欣赏到兰叶的美。禾叶贝母兰的叶子是很美的，可以与国兰相比拟，它的叶色碧润，叶形高挑修长，叶态挺拔俊逸。与国兰不同的是，禾叶贝母兰的叶子成双成对地从假鳞茎顶上生发出来，假鳞茎翠绿透亮，一个个探头探脑地挤在一起。这般长相又给禾叶贝母兰增添了几分可爱，不似国兰般高冷。禾叶贝母兰是较易栽植的兰花，最大的优点是叶子很少染病，常年碧绿碧绿的。禾叶贝母兰的花序从根状茎上依偎着假鳞茎发出来，花序直立，高只达到叶子的基部。一盆长势良好的禾叶贝母兰可以发出成十枝花序，开花时在叶子基部形成一个花层，花层下面是透亮透亮的假鳞茎，上面是翠绿伸展的叶片，煞是美丽。禾叶贝母兰的花是亮白色的，完全开放，花的唇瓣是黄色的，恰是一个黄色的花心，唇瓣上有褐色的条纹。禾叶贝母兰在冬天开花，元旦正是她的盛花期。

贝母兰属全世界共有200种，分布于亚洲的热带和亚热带南缘至大洋洲。中国有36种，主要产于西南，少数也见于华南。禾叶贝母兰产于云南西南部的镇沅、腾冲、瑞丽等地，常生长于海拔1 500～2 000米处林下、岩石上。禾叶贝母兰的主要辨识特征是叶片呈线形、禾叶状，叶宽3～5.5厘米。

禾叶贝母兰是近危植物。

Epiphytic on the rocks under the forest, altitude 1 500-2 000 m. Distributed in Yunnan (Zhenyuan, Tengchong, Ruili). Flower January. Near Threatened species.

禾叶贝母兰 *Coelogyne viscosa* Rchb.f.　　余汉平　绘

59

浅裂沼兰

Crepidium acuminatum (D. Don) Szlach.

浅裂沼兰种在花坛里，它们郁郁葱葱地生长，几年后，从两株变成了十几株，占满了花坛的一角，与花坛里的景石相映成趣，颇有自然的味道，引来许多写生的人。浅裂沼兰最有情韵的是它的叶子，它的叶片呈斜卵圆形，左右不对称，叶面上有弧形的脉纹，脉纹处叶面微微下陷，并且有晕染样的红色，在中脉和叶背处，红色更加明显。雨天的时候，它的叶子分外油亮翠绿，好像盛装打扮了，来听雨的音乐会。天晴的时候，叶子半遮半掩在石头的影子里，脉纹处的红色像是羞涩的脸上泛起的红晕。浅裂沼兰的花莛直立，上面生有10余朵小花。它的花非常有特色，中萼片和花瓣是紫红色的，边缘小心地卷了起来，将自己卷成了一股纤细的线。它的唇瓣绿中带红，不反转，长圆形，位于花的上方，整朵花目光所及处几乎全部是唇瓣，大大的唇瓣挡在花的正前面，花瓣、萼片好像躲猫猫似的藏在唇瓣的身后。浅裂沼兰的茎颇为健壮，圆柱形，肉质，上具数节。浅裂沼兰边开花边结果，花、果期5—7月。

沼兰属全世界有260种，广泛分布于全球热带与亚热带地区，少数种类也见于北温带，中国分布有18种。浅裂沼兰产于台湾中部、广东南部、贵州西南部和云南西南部至东南部地区，常生于林下、溪谷旁或荫蔽处的岩石上，海拔300～2 100米。浅裂沼兰的主要辨识特征是花较大，唇瓣长10～11毫米，花瓣长8～9毫米。

Growing in forests, shaded rocks along valleys, altitude 300–2 100 m. Distributed in central Taiwan, southern Guangdong, southwestern Guizhou and southwestern to southeastern Yunnan. Flower and Fruit May to July.

浅裂沼兰 *Crepidium acuminatum* (D. Don) Szlach.　　余汉平　绘

60

玫瑰宿苞兰

Cryptochilus roseus (Lindl.) S.C. Chen & J.J. Wood

玫瑰宿苞兰又称玫瑰毛兰，是宿苞兰属的地生兰。其根状茎粗壮，甚至可以达到1厘米。它的假鳞茎非常可爱，嫩绿嫩绿的小圆头，一个个紧紧地挤靠在一起，外边包着四枚鞘，好像时下流行的婴儿艺术照。假鳞茎上着生一枚嫩绿的叶子，叶柄修长，叶姿挺拔，如同跳芭蕾舞的姑娘。花序从假鳞茎的顶端发出，总状花序上可着生2~5朵花，花不完全开放，花瓣白里透粉。整朵花中，侧萼片较大，三角状披针形，像白蝴蝶展开的翅膀。它的唇瓣近卵形，3裂，上面有V形的橙黄色斑纹。花中红色的药帽，如同美人额上的一点朱砂。玫瑰宿苞兰的花期在3—4月。

宿苞兰属全世界有5种，分布于尼泊尔、不丹、印度、越南至我国南部地区，中国有3种。玫瑰宿苞兰产于香港和海南，常生于海拔1 300米左右的密林中，附生于树干或岩石上。玫瑰宿苞兰的主要辨识特征是顶生1枚叶，花萼片离生，背面具翅状突起。

Epiphytic on trees or lithophytic on rocks in dense forests, altitude 1 300 m. Distributed in Hainan and Hong Kong. Flower March to April.

玫瑰宿苞兰 *Cryptochilus roseus* (Lindl.) S.C. Chen & J.J. Wood　　　余志满　绘

61 束花石斛

Dendrobium chrysanthum Wall. ex Lindl.

束花石斛开花时，正是秋天，阳光温煦，清风吹拂。束花石斛那金黄金黄的花儿，灿烂地开在一年中最好的时节，与心情愉悦的赏花人相遇。束花石斛是附生兰，常附生在岩石或者大树的树干上。华南植物园里的束花石斛附生在一株很大的毛麻楝树干上。它的茎肉质鲜嫩，具有明显的节，不分支，从树上倒垂下来。束花石斛的叶扁平似棕叶，排成两列。它的花序生在茎的侧面，也是下垂的，一束可开出6朵或者更多的花。束花石斛的花是亮亮的金黄色，肥厚肉质，如同蜡制一般，唇瓣毛茸茸的，扇形，两侧各具1个栗色的斑块。束花石斛因为花色金黄，又被称为"金兰"。束花石斛的花小巧玲珑，具有极高的观赏价值，花期在9至10月间。

束花石斛在我国广西的百色、德保、隆林、凌云、靖西、田林、南丹，贵州的兴义、安龙、罗甸、关岭，云南的麻栗坡、砚山、屏边、石屏、绿春、勐腊、勐海、澜沧、镇康、临沧，西藏的墨脱等地区都有产，常生在海拔700～2500米处山林中遮阴度较大的树干上，或者沟谷荫蔽潮湿的岩石表面。束花石斛主要的辨识特征是花序伞形，花序柄极短，花序生于茎的中上部，唇盘具2个紫红色斑块。

束花石斛是易危植物。

Epiphytic on the tree trunks of dense forests in mountainous areas and lithophytic on wet rocks in valleys, altitude 700–2 500 m. Distributed in Guangxi, Guizhou, Yunnan and Tibet. Flower September to October. Vulnerable species.

束花石斛　*Dendrobium chrysanthum* Wall. ex Lindl.　余汉平　绘

62

密花石斛

Dendrobium densiflorum Lindl.

"妈妈，这个花很像芒果蛋糕卷，看起来好好吃呀"，一个小丫头指着盛开的密花石斛跟她妈妈说。密花石斛的花一朵紧挨着一朵着生在花序上，花柄很短，这样一来整个花序就成了棒状，而且密花石斛的花是嫩嫩的鹅黄色，花心处一圈橙黄，像极了撒满芒果布丁的软糯的蛋糕卷。密花石斛的茎粗壮苍老，中间鼓起，符合人们想象中仙草的样子，植物园中的密花石斛常被游客摘回家煲汤。密花石斛像是很吝啬，怕叶子耗走养料，所以只在茎顶端长了三四片叶子。它的花序也是从老茎的顶端生发出来的，但不同的是，生发花序的老茎并不完全光秃，还生着几片叶子。密花石斛是比较常见的园林造景花卉，在各大植物园的温室中都能见到它的倩影，可能一同见到的还有球花石斛。密花石斛和球花石斛这两姐妹长得非常相像，最直观的区别在它们花的颜色上，密花石斛的花瓣与唇瓣都是黄色，而球花石斛的花瓣是白色，唇瓣是黄色，对比明显。密花石斛的花期在4—5月。

密花石斛产于广东南昆山、乐昌，海南三亚、陵水、保亭、东方、乐东、白沙、琼中，广西防城、上思、桂平、容县、金秀、融水、资源，西藏东南部等地，生于海拔420～1 000米的常绿阔叶林中树干上或山谷岩石上。密花石斛的主要辨识特征是茎圆柱形，花黄色，唇瓣黄色稍加深。

密花石斛是易危植物。

Epiphytic on tree trunks in evergreen broad-leaved forests and lithophytic on rocks in mountain valleys, altitude 420-1 000 m. Distributed in Guangdong, Guangxi, Hainan and Tibet. Flower April to May. Vulnerable species.

密花石斛　*Dendrobium densiflorum* Lindl.　　余汉平　绘

63

曲轴石斛

Dendrobium gibsonii Paxton

曲轴石斛开花时，广州已经是夏天了。这时很多兰花都过了花期，保育温棚里很是寂寥，园地景观也甚是暗淡，而曲轴石斛却一枝独秀。曲轴石斛比较喜光，放在保育温棚靠窗的台面上，它追逐着阳光，正好将一束束盛开的黄花送到了窗格里。若得闲情，临窗而坐，酌一盏清茶，窗内是盛开的黄花，窗外是夏日浓浓的绿色，此时若还有凉风从窗口吹来，便真是人间美事了。曲轴石斛的植株比较高大，甚至可达1米，它的茎非常粗粝，叶子硬挺，像是非常缺水。曲轴石斛的花长在没有叶子的光秃秃的老茎上，若没有养护经验，恐怕会以为是枯死的茎枝呢。它的花序从苍老的老茎顶端打着"之"字垂下来，上面坠着许多小黄花，造型非常有艺术感。曲轴石斛的唇瓣是毛茸茸的，唇瓣上的两块栗色斑点很显眼，像是一双大眼睛，好奇地张望着。曲轴石斛在6至7月间开花。

在中国，石斛属是兰科植物中仅次于石豆属的第二大属，是一个成员众多的复杂的分类群。曲轴石斛主要在广西的凌云和云南的文山、蒙自、思茅、勐腊和景洪有产，常常生长在海拔800～1 000米处林中比较透光的树干上。曲轴石斛的主要辨识特征是唇瓣近乎肾形，上面有两块栗色的斑块，边缘有短的流苏。

曲轴石斛是濒危植物。

Epiphytic on tree trunks in hilly woodland, altitude 800–1 000 m. Distributed in Guangxi (Lingyun) and Yunnan (Wenshan, Mengzi, Simao, Mengla, Jinghong). Flower June to July. Endangered species.

曲轴石斛 *Dendrobium gibsonii* Paxton   余志满 绘

64

美花石斛

Dendrobium loddigesii Rolfe

每当看到月亮，我都会想起家乡中秋的月光。每当看到兰花，我便会想起野外调查时见到的满树盛开的美花石斛。在山涧里突然见到大片盛开的美花石斛时，真的会为不能填词作赋，不能表达自己心中的感动而感到深深的遗憾。美花石斛可以说是景观效果最好的兰花之一了，在众多兰展和兰花园中，都会看到用美花石斛营造的非常具有视觉冲击力的景观，繁茂盛开的美花石斛或是附植在高高的大树上，或者附植在布满青苔的岩壁上，明艳动人。美花石斛是颇具少女气质的兰花，它的花是粉紫色的，唇瓣的样子非常可爱，圆圆的，毛茸茸的，中间有一个亮黄色的同心圆。美花石斛植株不高，茎较细弱，常匍匐生长，它的花序柄也较短，花平铺。美花石斛易养护，花量大，尤其是在大量群植的情况下，许许多多紫粉色的花朵铺展开来，有莫奈笔下睡莲的情韵。美花石斛在4至5月间开花。

石斛属全世界共有1509种，广泛分布于亚洲的热带和亚热带地区至大洋洲。中国产110种，秦岭以南各省区都有分布，云南南部是石斛最丰富的地区。美花石斛主要在广西、广东南部、海南、贵州西南部和云南南部有产，常生长在海拔400～1500米处，见于林中比较遮阴的树干上或岩石上。美花石斛的主要辨识特征是花单生于具有叶的茎上，茎柔软下垂，唇瓣金黄色，周边淡紫红色，边缘具有短的流苏。

美花石斛是易危物种。

Epiphytic on tree trunks or lithophytic on rocks in mountain forests, altitude 400–1 500 m. Distributed in Guangxi, southern Guangdong, Hainan, southwestern Guizhou and southern Yunnan. Flower April to May. Vulnerable species.

美花石斛　*Dendrobium loddigesii* Rolfe　　邓盈丰　绘

⁶⁵ 蛇舌兰

Diploprora championii (Lindl. ex Benth.) Hook.f.

蛇舌兰，乍一听是否觉得挺可怕的，难道这是什么另类"蛇"植物吗？其实，蛇舌兰体态玲珑娇小，被称为蛇舌兰，只因花朵的唇瓣先端叉状2裂，且细长向前，就像蛇在探索信息时吐出的信子。相信当你看到它时，不仅不觉可怕，反而惊叹，世间竟有如此神奇的植物！

蛇舌兰总状花序与叶对生，当春天来临时，花序上的花朵自下而上盛开，回折弯曲的花序轴上端还未盛开的花苞，呈浅浅的淡黄色，可爱极了。过几日，花苞陆续盛开了，完全盛开的花序像是许多花儿串在一起。当花朵全部打开时，展露出淡黄色的肉质花瓣，散发出阵阵清香。花朵的三片萼片排列整齐，呈圆轮状，左右萼片外形相似，长圆形先端钝，先端边缘颜色稍深，中萼片稍长，因为基部略带白色而增加了可视度。蛇舌兰的花瓣比萼片小，颜色和萼片一样，淡黄色，基部也有白色晕染。蛇舌兰的特别之处，就在于它的唇瓣了，唇瓣白中泛着迷人的玫瑰色，中部以下凹陷呈蛇口状，先端骤然地收狭

呈叉状2裂，像蛇信子一般。朵朵盛开的花朵，用清香引来了使者，为其授粉，随后花朵完成了它的使命，便渐渐低垂了头，最终脱落，化作了春泥。蛇舌兰的花期在2—8月，盛花期为4月，此时万物复苏，多数蛇也冬眠结束，看来，随着春天的来临，不仅仅是动物的蛇要出没了，植物的"蛇"也要开始"出没"了，大自然真是有趣呀！

蛇舌兰属全世界有2种，分布于南亚的热带地区。中国仅分布有蛇舌兰1种。蛇舌兰在台湾、福建南部、香港、海南、广西、云南南部至东南部有产，常生于海拔250～1 450米处山地林中树干上或沟谷岩石上。

Epiphytic on tree trunks in forests or lithophytic on rocks along valleys, altitude 250–1 450 m. Distributed in Fujian, Guangxi, Hong Kong, Taiwan and Yunnan. Flower February to August.

蛇舌兰　*Diploprora championii* (Lindl. ex Benth.) Hook.f.　　余志满　绘

109

66 树兰

Epidendrum radicans Pav. ex Lindl.

兰园里的树兰种在仿喀斯特地貌的门洞上，几年后它将整个门洞和周围的山石全部覆盖了。树兰每年都会开出许多娇艳的红色花朵，并且花期超长，从春天开过了夏天又开到了秋天，让石灰岩门洞和周围的山石成了兰园里一道特别的风景。树兰的生命力是非常惊人的，它可以忍耐广州夏天的全光照，忍耐石灰岩的干燥贫瘠，郁郁葱葱，热烈地绽放。生长在兰园石灰岩上的树兰的茎叶是紫红色的，紫红色并不是它们原本的颜色，生长在荫棚里的树兰其实是翠绿色的，树兰改变体色是为了抵御干燥和强烈的光照。

树兰是附生兰，它的植株像小版的芦苇，花朵生于茎的顶端，组成伞状花序，花序梗可长达60厘米，每个花序可着花数十朵，由下往上逐朵开放。树兰的花是鲜红色的，花心处一点鹅黄。树兰的唇瓣非常独特，不反转，直立朝上，唇瓣裂片的形状像两只一前一后飞翔的小鸟，也像是四个鸡冠，两两头抵头凑在一起。盛开的树兰的花朵远观似个火球在空中晃动，让人感到如火的热情。树兰的花期在5—10月。

树兰属有800余种植物，原产南美、中美和北美南部地区，中国无产。树兰从国外引进到我国后，在南方地区表现出了良好的适应力，现在已经有了广泛的栽培。

Native to South, Central and southern North America. Cultivated in southern China. Adapt well.

树兰　*Epidendrum radicans* Pav. ex Lindl.　　余志满　绘

花蜘蛛兰

Esmeralda clarkei Rchb.f.

给花蜘蛛兰绘图是在一个秋天，它颇具遐想力的名字，让我产生了一种猎奇心理。花蜘蛛兰的花形很奇特，绘画时，它粗壮而坚挺的茎叶和花瓣上红棕色的横向豹状纹以及下方那圆锥形的距，是要重点表现的部位，希望能让人感觉到茎、叶、花的不同质感。

花蜘蛛兰为附生兰，茎长而粗壮，叶肉质，先端为不等2圆裂。总状花序穿鞘而出，花序轴上部呈"之"字形弯曲，上疏生少数花。花大、肉质、并完全张开。花色淡黄带红棕色横纹，形似蜘蛛状，唇瓣形似蜘蛛的腹部，引诱昆虫为其授粉。花蜘蛛兰的花期在11—12月。

花蜘蛛兰属全世界有3种，分布于我国南部、泰国、缅甸、印度东北部、不丹、锡金和尼泊尔。中国有2种。花蜘蛛兰在海南的三亚市、保亭、陵水、琼中等地区有产，一般生长于海拔800~1 000米的疏林中树干上或山谷光石上。花蜘蛛兰的主要辨识特征是唇瓣侧裂片半卵形，中裂片卵状椭圆形，先端不裂，距口前方无覆盖物。

花蜘蛛兰是易危植物。

Epiphytic on the cliff of valley or on the tree trunk of sparse forest, altitude 800–1 000 m. Distributed in Hainan (Sanya, Baoting, Lingshui, Qiongzhong). Flower November to December. Vulnerable species.

花蜘蛛兰　*Esmeralda clarkei* Rchb.f.　　余峰　绘

68 紫花美冠兰

Eulophia spectabilis (Dennst.) Suresh

在美冠兰的熠熠光辉下，所有美冠兰属的其他植物似乎都没了存在感。美冠兰的华彩也勾起了人们寻找同属其他种类的欲望。我对紫花美冠兰的追寻，也是因美冠兰而起的。我初遇美冠兰，是在暨南大学番禺新校区的草地上。新校区的草地上有许多市区草地很难见到的野草，如瓶儿小草、翼茎阔苞菊、田菁，还有就是美冠兰。第一次见美冠兰时，惊讶于其花小而精巧。从卷成筒状的唇瓣可以判断出这是一种兰花，与印象中兰花是珍稀植物不同的是，这种兰花在草地上似乎随处可见。

我在华南植物园兰园里见到了盛花期的紫花美冠兰，她的姿容远胜过美冠兰。紫花美冠兰的花葶优雅地俏立着，上面疏生着数朵花。它的花瓣是香芋的颜色，白里透着些紫色，梦幻得如同晨雾中的丁香花。紫花美冠兰的叶子是荷叶的颜色，叶面上生着许多皱褶，像荷色的百褶裙映衬着花朵漂亮的脸庞。紫花美冠兰甚是美丽，但是我见到紫花美冠兰的时候，确也不似在草地上见到美冠兰时那般惊喜。紫花美冠兰的假鳞茎生于地下，块状，个头较大，直径可达4厘米。紫花美冠兰的花期是4—6月。

美冠兰属全世界共有200种，中国有13种。紫花美冠兰在江西和云南有产，生长于海拔1 400～1 500米处的混交林中或者草坡上。紫花美冠兰的主要辨识特征是距生于蕊柱足的下方，完全附着于蕊柱足上，唇瓣不裂。

Growing in mixed forests, grassy slopes, altitude 1 400–1 500 m. Distributed in Jiangxi and Yunnan. Flower April to June.

紫花美冠兰　*Eulophia spectabilis* (Dennst.) Suresh　　邓盈丰　绘

高斑叶兰

Goodyera procera (Ker Gawl.) Hook.

高斑叶兰是一种看上去不像兰花的兰花，至少不是大家印象中具有精美花朵的那种兰花。

高斑叶兰喜欢生长在阴湿之处，在山涧旁的泥土石缝中经常可以看到。白绿色的根紧紧抓住石块，钻进泥土里，生长得非常茂盛。植株可高达80厘米，披针形的叶子略肥厚肉质，叶柄基部鞘状包裹着茎干。花期茎干顶部形成花茎，花茎高可达半米，下部有数枚绿色的鞘状苞片，顶部是10～15厘米长、由许多白绿色小花组成的总状花序。仔细观察，每一朵小花细长的花梗上包着绿色的小苞片，顶端小小的白色花朵具有兰花特有的唇瓣、蕊柱结构，也许这是它最像兰花的地方了。小花从下向上依次开放，陆续凋谢，颜色也逐渐从白绿色变为褐色。无需人工授粉，高斑叶兰就能结出一个个小小的果实，四下散落后就生长出一株株小高斑叶兰。

这是一种很朴实的兰花，低调内敛、脚踏实地、讲求实效。在其他兰花需要精心伺候的时候，它能在野外茂盛地生长。除了生性强健外，高斑叶兰还具有很高的药用价值，主要治疗咳痰咳喘等，是一种民间常用中药。精美的兰花固然讨人喜欢，但朴实的高斑叶兰同样不缺乏人们的喜爱。高斑叶兰的花期在4—5月。

斑叶兰属全世界分布约98种，中国分布有33种。高斑叶兰在安徽、浙江、福建、台湾、广东、香港、海南、广西、四川、贵州、云南、西藏等地都有分布，常生长于海拔250～1 550米的林下。高斑叶兰的主要辨识特征是叶疏生于茎上，花序具长梗，花小，花瓣匙形。

Growing under forests, altitude 250–1 550 m. Distributed in Anhui, Zhejiang, Fujian, Taiwan, Guangdong, Hong Kong, Hainan, Guangxi, Sichuan, Guizhou, Yunnan and Tibet. Flower April to May.

高斑叶兰　*Goodyera procera* (Ker Gawl.) Hook.　　邓盈丰　绘

⑰ 橙黄玉凤花

Habenaria rhodocheila Hance

橙黄玉凤花有个俗名叫飞机兰，因它唇瓣裂片形似飞机而得名。我和橙黄玉凤花相遇是在一个秋天的早上，晨曦从林间穿过，正好洒在这一群橙黄色的花儿上，阳光跳跃，而花儿们也如同要展翅飞翔。当时我就想这群可爱的小花儿是有什么心愿吗？她们到底要飞去哪里呢？

橙黄玉凤花多生长在溪水边的石头上，7—8月开花，此时正是溪水满贯的时节，石头上旺盛地生长着各种青苔，橙黄玉凤花那橙黄色的花朵显得分外明亮。橙黄玉凤花的个头不高，叶子中间有一条很明显的中脉，由于常年生长在阴湿的地方，叶子长得非常鲜嫩，一碰即可出水的样子。橙黄玉凤花的花序从茎的顶端发出，上面可着生10余朵花，花中等大小，花瓣和萼片都是绿色的，而且比较小。橙黄玉凤花的花部最大最显眼的部分就是她的唇瓣了，唇瓣的颜色有橙黄色、橙红色或红色的变化。花部还有一个下垂的微弯的小圆筒，那就是它的距了。橙黄玉凤花具有肉质的块茎，可入药，具有清热解毒、活血止痛的功效。

玉凤花属全世界有835种，分布于热带、亚热带至温带地区。中国有58种，分布在江西、福建、湖南、广东、香港、海南、广西、贵州等地，生长在海拔300～1 500米的山坡或沟谷林下的阴湿处或岩石上覆土中。橙黄玉凤花的主要辨识特征是花橙色或红色，唇瓣的中裂片2～4裂，花瓣匙状线形。

Growing in shaded places or soil-covered rocks in forests or along valleys, altitude 300–1 500 m. Distributed in Jiangxi, Fujian, Hunan, Guangdong, Hong Kong, Hainan, Guangxi and Guizhou. Flower July to August.

橙黄玉凤花　*Habenaria rhodocheila* Hance　　邓盈丰　绘

71 大花羊耳蒜

Liparis distans C.B. Clarke

幽幽林中送清香，
纤腰束素舞霓裳；
共赏枝头碧玉色，
翩翩不负韶华光。

她便是大花羊耳蒜，羊耳蒜家族的一员。都说羊耳蒜家的花儿小巧，大花羊耳蒜的花朵却可长达2～3厘米，相比之下，她的花儿是比较大气的。大花羊耳蒜的花朵儿穿着绿色或是黄绿色的衣裳，颇为独特，只需一瞥，便能被其吸引，被她们的热情绽放打动。

大花羊耳蒜的假鳞茎密集，顶生2枚叶，叶柄处有明显的关节。花序从两枚叶片中抽出，花序柄两侧压扁状，上可开出数朵至10余朵花儿，花儿绿色或黄绿色（花儿快谢时变成橙色），线形的萼片展开着，边缘外卷，花瓣近丝状，唇瓣宽长圆形，表面具有光泽，蕊柱短，稍向前弯曲。大花羊耳蒜的花期可以从10月持续到翌年2月，至于能不能有幸观察到果实，就要看花儿"起舞"的过程中，能不能吸引到"红娘"来为其授粉了。

大花羊耳蒜产于我国台湾、海南、广西、四川、贵州和云南，常生于海拔1 000～2 400米林中或沟谷旁树上或岩石上。大花羊耳蒜的主要辨识特征是唇瓣宽长圆形。根据《中国中药资源志要》记载，大花羊耳蒜可全草入药，有消肿、生津和养阴的功效，可用于治疗肺热咳嗽、酒精中毒等。

Epiphytic on trees or rocks in shaded places along valleys, altitude 1 000–2 400 m. Distributed in Taiwan, Hainan, Guangxi, Sichuan, Guizhou and Yunnan. Flower October to next February.

大花羊耳蒜 *Liparis distans* C.B. Clarke　　黄少容　绘

见血青

Liparis nervosa (Thunb.) Lindl.

见血青是地生兰，其花儿的相貌与兰科其他属的花朵们甚是不同。其他佳丽们或以花色艳丽而万众瞩目，或以气质优雅而美名远扬，见血青却是相当地低调内敛，它默默地生长在林缘或溪边的杂草丛中，花儿丝毫不起眼，只有有心的人才会蹲下来仔细观察，从而发现它的可爱之处。

见血青通常有4~5枚卵圆形叶片，叶基部收窄下延成鞘状柄，从叶基生出数条弧形纹脉，叶片先端渐尖，形似羊耳，因此又称"脉羊耳兰"。五月初，叶片还未完全展开，见血青的花葶就在嫩叶的环抱下从茎顶端缓缓地抽了出来。它的花蕾、花梗和花序轴均成深紫色，花序轴上有4对窄而薄的翅。见血青花序下方的花朵最先绽放，肉质感的花瓣及萼片慢慢张开，并向后扭曲翻卷，随着时间的推移，花的颜色也由紫色褪成了绿色。它的花瓣呈线形，唇瓣长圆形，蕊柱较粗壮。见血青虽然长相不算出挑，却另辟蹊径，是民间十大止血药之一，在《民间常用草药汇编》《新华本草纲要》等书籍中均有记载，其全草入药，主治清热解毒、消肿止痛，外敷可治毒蛇咬伤、创伤出血等症，且其提取物已经在现代医学中广泛应用。见血青的花期在2—7月。

羊耳蒜属全世界分布有426种，广布于全球热带与亚热带地区，少数种类也见于北温带。中国有72种，广泛分布于台湾、西南、华南和西藏地区。见血青产于浙江、江西、福建、台湾、湖南、广东、广西、四川、贵州、云南和西藏，生长于海拔700~1 800米的林缘、沟谷或溪边阴湿处。见血青的主要辨识特征是花蕾、花梗深紫色，开花后绿中带紫色，花序轴有翅，花瓣、萼片及唇瓣反卷。

Growing in forest edge, gully or wet place by stream, altitude 700−1 800 m. Distributed in Zhejiang, Jiangxi, Fujian, Taiwan, Hunan, Guangdong, Guangxi, Guizhou, Yunnan and Tibet. Flower February to July.

见血青 *Liparis nervosa* (Thunb.) Lindl.   余汉平　绘

73 扇唇羊耳蒜

Liparis stricklandiana Rchb.f.

　　扇唇羊耳蒜的花是黄绿色的，许多小花排列成一个总状花序，花序直立，远看犹如翠绿的珠帘，静静地低垂着。翠帘垂处，月依依，人悄悄，词人沉醉，梦远不成归。扇唇羊耳蒜不光有诗情画意，还有令人敬佩的坚韧。她不挑选环境，即便是在最贫瘠的环境中，也能旺盛地生长。她具有惊人的抗性，在其他兰花都被病害反复折磨的时候，她的叶片仍非常干净、翠绿油亮。扇唇羊耳蒜的植株与同属其他种类相比，略显高大，它的假鳞茎密集在一起，顶端生有两片薄薄的叶子，叶子成线状倒披针形，中央有一道深深的叶脉。扇唇羊耳蒜的花瓣近丝状，唇瓣是整个花朵中最显眼的结构，像一把打开的扇子。扇唇羊耳蒜的花期很长，可以从10月开到翌年1月。

　　扇唇羊耳蒜在广东、海南、广西、贵州和云南都有产，常生长于海拔1 000～2 400米林中树上或山谷里阴湿的石壁上。扇唇羊耳蒜的主要辨识特征是唇瓣扇形，蕊柱仅具1对翅。

Epiphytic on trees in forests, shaded cliffs along valleys, altitude 1 000−2 400 m. Distributed in Guangdong, Guangxi, Guizhou, Hainan and Yunnan. Flower October to next January.

扇唇羊耳蒜　*Liparis stricklandiana* Rchb.f.　　　邓晶发　绘

74

文心兰‘黄金雨’

Oncidium 'Golden Shower'

文心兰是世界著名的盆花和切花花卉，品种甚多，千姿百态。文心兰花茎轻盈下垂，花朵奇异可爱，形似飞翔的金蝶，极富动感。它的花色有纯黄、洋红、粉红等多种颜色，有些品种花瓣上装点有茶褐色的花纹或斑点。微风吹拂，文心兰盛开的小花翩翩起舞，因此得名"舞女兰"。文心兰的唇瓣大型，花被片的排列极像"吉"字，故又有"吉祥兰"之称。

文心兰是附生兰，假球茎扁圆形，若水分不足或者营养不良，假球茎会发生皱缩。文心兰一般在初春萌发新芽，夏月抽出花莛，等到金秋，就是文心兰盛开的时节了。文心兰的花序是总状花序，花瓣和萼片均较小，唇瓣明显较大，且常3裂，形如手风琴，非常优美，花的咽部有褐色的斑纹。

文心兰属全世界有337种，分布于中美洲、南美洲热带和亚热带地区，中国无野生文心兰分布。园艺上将文心兰分为薄叶种、厚叶种和剑叶种3种类型，按照花色也可分为红花、黄花、白花和斑花4大系列。现今市场上流行的切花文心兰的主要亲本是黄金文心兰（*Oncidium varicosum*）、多花文心兰（*O. flexuosum*）和球序文心兰（*O. sphacelatum*）等。

文心兰‘黄金雨’是薄叶种，从假球茎萌发出的叶片并不多，它的叶片适度弯曲、扭转，姿态十分婀娜。然而在绘图的过程中，它那颀长而略下弯的花序枝使画面的构图布局受到了限制。有时候表现画面美感的也可以是叶子，所以画师将假球茎及叶片置于画面的突出位置，加以细致描绘。对于花序枝采用了折枝法的布局，这样就能将先端的花枝挪移到视觉的中心。画面中，盛花的文心兰像一群翩翩起舞的少女正排着队登场啦。

Distributed in the tropics and subtropics of Central America and South America. No wild *Oncidium* in China. In horticulture, *Oncidium* is divided into three types: thin leaf, thick leaf and sword leaf. *Oncidium variosum*, *O. flexosum* and *O. sphacelatum* are the main parents of popular *Oncidium* Cut Flowers in the market.

文心兰'黄金雨' *Oncidium* 'Golden Shower'   余峰 绘

75

卷萼兜兰

Paphiopedilum appletonianum (Gower) Rolfe

卷萼兜兰生长在林间湿润的土壤或岩石上，它的中萼片是不太起眼的绿色，但它的花瓣下端以及唇瓣是迷人的紫色，朴素中又带有清丽，如同西子湖畔浣纱的淡妆女郎，俏丽而倔强。花瓣上散布着一些棕色的斑点，像是它灵动的眼睛，打量着林间罕有人至的景色。它不执着于追求灼人的阳光，而是默默地把林间的散射光积攒起来，伸展着翠绿的叶片，举起挺立的花梗，在林间氤氲的水汽中郑重地打开花朵，等待着授粉昆虫的到来。它听着小溪潺潺的水声，小鸟叽喳的笑语，所以它孤独却不寂寞，年年守时地绽开花朵。

卷萼兜兰是地生兰，具基生叶，数枚至多枚，叶片带形、革质。花莛从叶丛中长出，花苞片非叶状；子房顶端常收狭成喙状；花大而艳丽，有种种色泽；中萼片直立，花粉粉质或带黏性，退化雄蕊扁平；柱头肥厚，下弯，柱头面有乳突，果实为蒴果。花期1—5月。产于海南和广西南部。越南、老挝、柬埔寨和泰国也有分布。生长于海拔300~1 200米的林下阴湿、腐殖质多的土壤上或岩石上。

卷萼兜兰是濒危植物。

- -

Ground-living on damp and humus soil or rock under forest, altitude 300–1 200 m. Distributed in Hainan and southern Guangxi. Flower January to May. Endangered species.

卷萼兜兰　*Paphiopedilum appletonianum* (Gower) Rolfe　　黄少容　绘

76 杏黄兜兰

Paphiopedium armeniacum S.C. Chen & F.Y. Liu

若说兜兰是遗落人间的仙履，杏黄兜兰便是那拥有魔法的金拖鞋。初春开花，含苞时成青绿色，初开时为绿黄色，全开时为杏黄色，后期为金黄色，在阳光下闪耀出一片金辉。不要小瞧它是野生矮种兜兰，它的花大而倩丽，足以让你为之惊艳。纯粹的杏黄色使它如此独一无二，填补了兜兰纯黄色系的空缺。许多人用雍容华贵来形容它，但总觉得它更似"阿娇初着淡黄衣，倚窗学画伊"中的"阿娇"，姿态优雅，情态含蓄。杏黄兜兰的花期在2—4月。

杏黄兜兰与硬叶兜兰合称"金童玉女"，绚丽的杏黄色在硬叶兜兰这位"玉女"面前又显得格外文质彬彬。虽被唤作"金童"，但它绝非娇生惯养，而是附生于海拔1 400~2 100米的岩壁之上。杏黄兜兰因其极其珍稀又被称为"兰花大熊猫"，但它的濒危并非天灾，而属人祸。杏黄兜兰具有较强的繁殖能力，能忍受恶劣的环境，但因其独特的金黄色，在世界兰花展中多次获得金奖，引起国际园艺界的轰动而出现一株难求的现象，许多兰商和采掘者掠夺

式采挖，导致杏黄兜兰极度濒危。

杏黄兜兰仅产于云南西北部和西藏南部，生长于海拔1 400~2 100米的石灰岩壁积土处或多石而排水良好的草坡上。我国植物学家张敖罗于1979年在云南高黎贡山发现，1982年经陈心启、刘芳媛定名发表。本种的主要辨识特征是花冠金黄，在退化雄蕊上有浅栗色纵纹，其余部位几乎均为纯黄色，唇瓣深囊状，囊底有白色长绒毛和紫色斑点。

杏黄兜兰被我国列为国家一级保护植物和极少种群植物。华南植物园利用无菌播种方法已繁殖了大量试管苗并进行了迁地保护。

杏黄兜兰是极危植物。

Terrestrial or semi-epiphytic on limestone or rocky grass slope with good drainage, altitude 1 400–2 100 m. Distributed only in Northwest Yunnan and southern Tibet. Flower February and April. Critically Endangered species.

杏黄兜兰　*Paphiopedium armeniacum* S.C. Chen & F.Y. Liu　　　余峰　绘

77 胖胝兜兰

Paphiopedilum callosum (Rchb.f.) Stein

又名瘤瓣兜兰，"瘤"指的是两枚花瓣的上边缘有数枚黑色的疣状突起，细瞧疣突上还有短毛，这其实是兜兰为欺骗传粉昆虫而精心设置的"陷阱"。黑色的疣突看起来像在花瓣上吸食汁液的蚜虫，蚜虫的天敌之一是食蚜蝇，食蚜蝇的幼虫以蚜虫为食。食蚜蝇妈妈们为了后代能够有充足的食物，会精心挑选产卵地，胖胝兜兰花瓣上极具迷惑性的疣突会使它们误以为是产卵地。食蚜蝇在产卵的过程中可能会误入胖胝兜兰的"盔"状唇瓣中，其唇瓣的囊较深，两边的侧裂片向内弯曲（侧裂片上有紫色的疣突，也有吸引传粉昆虫的作用），囊口开放较小，误入囊中的昆虫难以逃出，几经尝试，发现一条隐秘的道路可以通往自由，在狭窄的通道奋力逃亡的过程中，昆虫身上携带了传宗接代的花粉，逃出后，因寻找产卵场所心切，迷迷糊糊又落入了另一朵胖胝兜兰的"陷阱"。在欺骗与被欺骗的过程中，胖胝兜兰悄然授粉成功了。

胖胝兜兰除了花瓣上的疣突，大而美丽的中萼片也十分吸引人，白色的中萼片上分布着紫色的纵条纹，似燃烧的紫色火焰，华丽而奇异。

花期长、色彩艳丽的胖胝兜兰是兜兰育种家们选育兜兰品种的上上之选，其中摩帝兜兰（*P.* 'Maudiae'）就是以胖胝兜兰为亲本的著名兜兰杂交品种。以摩帝兜兰为亲本的杂交兜兰多次斩获国际大奖。

胖胝兜兰原产于泰国和柬埔寨，花期在春季。植株丛生，叶片狭椭圆形，叶面上有深绿和浅绿相间的网格斑，背面淡绿色，其主要识别特征是大而美丽的白色中萼片上具有紫色脉纹，花瓣上侧边缘有数枚黑色的疣突。

胖胝兜兰是濒危物种。

Native to Thailand and Cambodia, blooms in spring. Famous excellent crossing parents. Endangered species.

胼胝兜兰　*Paphiopedilum callosum* (Rchb.f.) Stein　　　邓晶发　绘

78 同色兜兰

Paphiopedilum concolor (Lindl. ex Bateman) Pfitz.

同色兜兰又称小斑点兜兰，其淡黄色的萼片和花瓣上具深紫色细斑纹，但有时斑点也较大。与大斑点兜兰（巨瓣兜兰）、中斑点兜兰（文山兜兰）的鉴别也不能以斑点大小来论。它们的根本区别在于退化雄蕊的形状。巨瓣兜兰的退花雄蕊较小，形状近心形，文山兜兰多为标准的心形，而同色兜兰的退化雄蕊具较深的凹槽。

同色兜兰为斑叶种，叶片绿色，具深绿色斑纹，花莛较短，花瓣卵形，具有较好的观赏价值。同色兜兰的花期在6—8月。

同色兜兰分布在广西西部、贵州和云南东南部至西南部，生长于海拔300～1 400米的石灰岩地区多腐殖质土壤上或岩壁缝隙或积土处。另外，缅甸、越南、老挝、柬埔寨和泰国也有分布。

同色兜兰是易危植物。

Terrestrial or semi-epiphytic on humus soil or rock crack or soil in limestone area, altitude 300–1 400 m. Distributed in Guangxi, Guizhou and Yunnan. Flower June to August. Vulnerable species.

同色兜兰　*Paphiopedilum concolor* (Lindl. ex Bateman) Pfitz.　　　余峰　绘

79

'至爱'兜兰

Paphiopedilum 'Favorite'

'至爱'兜兰是华南植物园选育的众多优良兜兰新品种中的一员，母本为世界著名的'胡志明'兜兰（*Paphiopedilum* 'Ho Chi Minh'），父本则是'黑光'兜兰（*Paphiopedilum* 'Blacklight'），父母本均为广东省农作物新品种，拥有众多的优良性状。2011年4月10日进行人工授粉，授粉成功后的种夹，在经历了长达5个月的漫长发育后，利用无菌播种等组织培养技术，获得大批幼苗，并于2015年4月12日惊艳地绽放了第一朵花。之后又经过3年的品种特性调查和试验，终于成为新优品种，并获得独一无二的名字——'至爱'兜兰。

'至爱'兜兰继承了亲本不同的特点。在花朵的造型方面，与父本'黑光'兜兰更为相似，有着硕大的粉色上萼片，纹路清晰；花瓣宽大，点缀着红色的"雀斑"和绒毛，像极了张开的双臂；唇瓣酷似拖鞋，呈现深粉色，辅以红宝石般的光泽，绝对是展览中的佼佼者。而合蕊柱与母本更为接近，呈粉红色，玲珑小巧，若隐若现。

'至爱'兜兰的花径大于亲本，并且一支花葶有开出两朵花的潜力。画师笔下的'至爱'兜兰亭亭玉立，婀娜多姿；讨喜的深粉色花序轴上着生1~2朵花，侧芽的花苞也已经蓄力待发，欲与主花争艳，活力十足。'至爱'兜兰叶片造型也十分精巧，长矩圆形的叶片上像嵌入了绿玛瑙一般，与花朵相互呼应，形成一幅优雅动人的画卷。

'至爱'兜兰的花期长，花朵数量较多，花形优美，颜色讨喜，有极高的观赏价值，在华南地区的温室中栽培，也展现出了较强的抗病性、抗逆性和适应性。

Paphiopedilum 'Favorite' was bred by cross breeding with *Paphiopedilum* 'Ho Chi Minh' as maternal and *Paphiopedilum* 'Blacklight' as paternal.

'至爱'兜兰 *Paphiopedilum* 'Favorite'   余峰 绘

80

'绿韵'兜兰

Paphiopedilum 'Lvyun'

　　'绿韵'兜兰是华南植物园通过人工杂交选育的兰花新品种，于2017年通过了广东省农作物新品种审定，母本是麻栗坡兜兰（*Paphiopedilum malipoense*），父本是白花兜兰（*Paphiopedilum emersonii*）。

　　'绿韵'兜兰的叶子是中长型的，长短适中，非常符合它低调的性格，叶面呈浅绿色，背面还布有熙熙攘攘的紫色斑点，叶缘呈明显的波状。国庆的时候，'绿韵'兜兰争先恐后地冒出花芽，待圣诞之时，一朵娇美的花骨朵便绽放了。'绿韵'兜兰的花莛较直立，表面被有白色的长柔毛。'绿韵'兜兰的花黄绿色，单朵花期可达35～40天，花瓣上分布着紫色的条纹和斑点，清新淡雅，远远看去，宛如正在起舞的曼妙女子，清颜绿衫，裙裾飞舞，衣袂飘飘。青出于蓝而胜于蓝，与它的亲本相比，'绿韵'兜兰具有更强的耐热性与抗病能力，易栽培，具有很高的园艺价值与育种价值。'绿韵'兜兰的花期是12月至翌年3月。

- -

　　Paphiopedilum 'Lvyun' was bred by cross breeding with *Paphiopedilum malipoense* as maternal and *Paphiopedilum emersonii* as paternal. The flowering period is from December to next March.

'绿韵'兜兰　*Paphiopedilum* 'Lvyun'　　余峰　绘

81

'春韵'兜兰

Paphiopedilum 'Spring rhyme'

　　'春韵'兜兰是华南植物园选育的优良兜兰新品种，母本为2005年引种自广东东莞众生园的报春兜兰（*Paphiopedilum primulinum*），父本为2005年采自云南文山市的文山兜兰（*P. wenshanense*）野生植株。2007年进行了人工授粉，授粉成功后，将未成熟的杂交种子播种于培养基上，待幼苗长至一定大小后，移到瓶外的世界"历练"，强壮的小苗适应了外界环境，成功存活下来，并于2011年首次开花。经过3年的品种特性调查和试验，成功申报了新优品种，并拥有了自己的名字——'春韵'兜兰。兜兰属的植物生长速度较慢，育种过程漫长且艰辛，从父母亲本筛选到最终育成新品种，育种专家们付出了近10年的心血和努力。

　　'春韵'兜兰继承了亲本不同的特点。其花色与母本更为相近，为淡雅的黄绿色；中萼片和退化雄蕊更似母本，浅绿色的中萼片上有绿色条纹，退化雄蕊中央为深绿色。'春韵'兜兰的花瓣则像父本，宽且大，微微下垂，黄绿色的花瓣上长满了父本标志性的红褐色斑点，遗传了文山兜兰的"雀斑"。'春韵'兜兰的唇瓣囊较深，与父本囊形类似，唇瓣上也零星分布着红褐色的"雀斑"。

　　'春韵'兜兰的花径大于亲本，总花朵数介于两者之间。画师笔下的春韵兜兰秀丽淡雅，柔弱的绿色花序轴上着生1～2朵花，画师巧妙安排了花朵的位置，既展现了娇嫩的花苞，又有盛放的花朵，还不忘刻画花朵背面的细节。'春韵'兜兰的叶片长矩圆形，边缘有微微的波浪，叶面深绿色，洒有白色的斑点，叶背面则是浅绿色。

　　'春韵'兜兰的花朵观赏性极高，且兼具花朵数量多、花形大、观赏期长等优良特性，在温室栽培，亦表现出较强的抗病性、抗逆性和适应性，即使在炎热的华南地区也能茁壮成长。'春韵'兜兰花期在3—8月，单花寿命30～35天。

Paphiopedilum 'Spring rhyme' was bred by cross breeding with *Paphiopedilum primulinum* as maternal and *Paphiopedilum wenshanense* as paternal. The flowering period is from March to August.

'春韵'兜兰　*Paphiopedilum* 'Spring rhyme'　余峰 绘

秀丽兜兰

Paphiopedilum venustum (Sims.) Pfitz.

  我第一次见到秀丽兜兰的时候，它还没有开花。即使放在角落里，也会被它精致的叶子所吸引。许多兜兰的叶子都有网格斑纹，但像它这样用画笔把每个网格都晕染得极其生动的却少之又少。它用色也讲究，选的绿色是最优雅的，由浅及深，过渡均匀，像它的名字一样，秀丽极了。可是等到见它开的花时，我忍不住"噗嗤"笑出了声。眼前的它明明是个十足的调皮鬼！花瓣的上部是鲜艳的紫红色，格外显眼，像舞动花球的啦啦队员。兜状的唇瓣上有着张扬的脉纹。我不禁遐想起来，一个平静的午后，微风徐徐，一只小蜂，寻寻觅觅。秀丽兜兰挥舞着的花球，瞬间吸引了小蜂的注意力，小蜂在风中调了头，飞到它的身边，在好奇心的驱动下，小蜂进到了兜状的唇瓣中，这一进去可不得了，密密麻麻的脉络就像错综复杂的立交桥，小蜂一时晕头转向，这正是调皮的秀丽兜兰的小把戏！好在秀丽兜兰调皮归调皮，干起正事来也不会马虎，和小蜂玩闹一番，便抖抖自己的唇瓣，把一条梯子显现出来，累得满头大汗的小蜂，迫不及待爬上去，出口处，还有秀丽兜兰精心为小蜂准备的花粉团大礼包。真是一个有趣的午后！

  秀丽兜兰是地生或半附生兰，花期1—3月。产于西藏东南部至南部（墨脱、定结）。生于海拔1 100～1 600米的林缘或灌丛中腐殖质丰富处。尼泊尔、不丹、锡金、印度东北部和孟加拉国也有分布。

  秀丽兜兰是濒危植物。

Terrestrial or semi-epiphytic in forest margins or thickets where humus is rich, altitude 1 100–1 600 m. Distributed in southeast to south of Tibet. Flower January to March. Endangered species.

秀丽兜兰　*Paphiopedilum venustum* (Sims.) Pfitz.　　　黄少容　绘

83

'文菲'兜兰

Paphiopedilum 'Wenfei'

　　杂交育种产生的新品种是植物学家浪漫主义的体现。兜兰的杂交育种是一个漫长的过程，一个新品种的诞生通常需要7～10年。但这种不同寻常的植物值得每个植物学家耐心等待，它会以独一无二的花来奖励植物学家们精心的呵护。'文菲'兜兰是华南植物园2017年选育出来的一个兜兰新品种，并于2021年在第十届中国花卉博览会上获得了金奖。它的母本是来自我国云南东南部文山市的文山兜兰（*Paphiopedilum wenshanense*），父本是来自产于菲律宾、马来西亚等地的菲律宾兜兰（*Paphiopedilum philippinense*）。每年的5—6月，'文菲'兜兰便会铆足了劲儿把它编织得最华丽的花朵送给夏天，像父本菲律宾兜兰一样，'文菲'兜兰通常也是多花的，除此之外，它还继承了母本文山兜兰的优雅与含蓄。每当这个时候，便会看到两三个穿着金色尖头高跟鞋、身披黄紫褐色斗篷的"少女"聚集在一起，低着头，互相窃窃私语，浅浅地笑着，等待着去参加一场盛大的兜兰选美大会。

　　'文菲'兜兰属斑叶类兜兰盆花新品种。叶片狭矩圆形，近革质，叶面浅绿色，有深绿色斑纹，叶背绿褐色，花莛近直立、浅褐色，平均花朵数3朵，中萼片椭圆形、先端渐尖、黄色具紫褐色网状纹，花瓣长椭圆形，黄色具紫褐色纵条纹；唇瓣盔状，黄绿色。主花期4—5月，单花寿命25～30天。

Paphiopedilum 'Wenfei' was bred by cross breeding with *Paphiopedilum wenshanense* as maternal and *Paphiopedilum philippinenseas* parental. The flowering period is May to June and the life span of single flower is 25–30 days.

Paphiopedilum 'Wenfei' won the gold medal at the 10th China Flower Expo in 2021.

'文菲'兜兰　*Paphiopedilum* 'Wenfei'　　刘运笑　绘

84

黄花鹤顶兰

Phaius flavus (Blume) Lindl.

有一次在野外，我们为了寻找黄花鹤顶兰奔波了好几个地方，真可谓一路跋山涉水，早出晚归，但终究还是一株黄花鹤顶兰也没见到。大家感到非常沮丧，但更多的是痛惜，野生兰科植物真是很少了，它们的生存困境由此可见一斑。后来我们在黑石顶自然保护区，在护林员的带领下又寻找了两天，仍一无所获。第三天大家抱着再试一次的心态，从另外一面山坡寻找，快到中午的时候终于在一处山沟里找到了一株黄花鹤顶兰。她正娇艳地盛开着，柠檬黄色的花儿点亮了阴暗的沟谷。队员们没有像想象的那样欢呼雀跃，只是默默地开始记录。

黄花鹤顶兰有明显的假鳞茎，叶子从假鳞茎的顶端生出来，叶面有明显的脉纹，还撒有星星点点的柠檬黄色的斑点。黄花鹤顶兰的花莛比较壮实，但不高出叶外，总状花序上可生十余朵甚至二十朵花。花是娇嫩的柠檬黄色，始终含羞地半开着，花干后会变成靛蓝色。

唇瓣前端边缘呈褐色，像是涂了新潮色的口红。黄花鹤顶兰的花期在4—10月，有半年之久。

黄花鹤顶兰产于福建、台湾、湖南、广东、广西、香港、海南、贵州、四川、云南和西藏。生长于海拔300～2 500米的山坡林下阴湿处。黄花鹤顶兰是一个既可观叶又可观花的双料野生地生兰，不但花色鲜嫩，而且有长达半年的花期。广州市园林科研所的科研人员还以黄花鹤顶兰（*Phaius flavus*）为父本，鹤顶兰（*P. tancarvilleae*）为母本选育出了'秋香'鹤顶兰。这个品种不但有洒金的叶片和娇嫩的黄色大花朵，而且花香馥郁，是优良的观赏兰花品种。

Ground–living in shaded and damp places in hillside forests, altitude 300–2 500 m. Distributed in Fujian, Taiwan, Hunan, Guangdong, Guangxi, Hong Kong, Hainan, Guizhou, Sichuan, Yunnan and Tibet.

黄花鹤顶兰　*Phaius flavus* (Blume) Lindl.　　邓盈丰　绘

85

海南鹤顶兰

Phaius hainanensis C.Z. Tang & S.J. Cheng

海南鹤顶兰是1982年由华南植物园的兰花专家唐振缙和程式君研究员共同发表的新种。他们伉俪于1962年来到华南植物园工作，从事兰花研究，是华南植物园兰科植物的保育和研究等各项工作的开创者。唐老师设计并建造了华南植物园兰园，程老师还有"兰花皇后"的美誉。

植物园里的鹤顶兰属植物是栽植在一起的，花坛里的土壤被改良后，种上了鹤顶兰、黄花鹤顶兰、中越鹤顶兰和海南鹤顶兰。花坛里鹤顶兰所占的面积最大，其他的种类由于比较珍稀，数量不太多，而且基本栽植在花坛中间比较荫蔽的位置。开花时节，鹤顶兰的气势非常盛大，整个花坛也被它渲染得宛如花海一般。熙熙攘攘的游客们围拢着鹤顶兰，争相合影，啧啧称赞，这片花坛的风光尽被鹤顶兰占了去，似乎成了鹤顶兰的专场，相形之下其他种类都暗淡无光，也很少有游客会关注到它们。花谢去后，一切都归复了平静，鹤顶兰属的种类都长得很普通，但是做兰花研究的人总能逐个找到每个种类。他们并不稀罕鹤顶兰，反而为找到其他几个珍稀的种类而兴奋不已。花坛中的海南鹤顶兰，其假鳞茎不太明显，整个植株也不如鹤顶兰那么壮硕。它的花序比较低矮，只到达叶子一半高。海南鹤顶兰的花白色，唇瓣中间呈淡黄色，非常素雅。海南鹤顶兰的花期在5月。

海南鹤顶兰的模式标本采自海南琼中五指山，故以"海南"命名，它常生于海拔110米的山谷石缝中。海南鹤顶兰的主要辨识特征是花莛疏被黑褐色鳞毛；唇瓣多少贴生于蕊柱基部上方。

海南鹤顶兰是极危植物，也是极小种群植物。

Growing in the stone crevice of the valley, altitude 110 m. Native in Hainan (Qiongzhong). Flower May. Critically Endangered species. Plant species with extremely small populations.

海南鹤顶兰　*Phaius hainanensis* C.Z. Tang & S.J. Cheng　　余汉平　绘

86

鹤顶兰

Phaius tancarvilleae (L'Hér.) Blume

鹤顶兰植株高大，花朵宛若翩翩起舞的仙鹤，清新脱俗，形态非凡，因此得名"鹤顶兰"。三月，鹤顶兰那宽大皱褶的叶丛中陆续抽出花莛，花莛越长越高，其下部疏生几枚鳞片状鞘，上部长出一个个白绿色的小花苞，构成了鹤顶兰的总状花序。

花序下方的花朵最早开放，白色花苞挣脱淡绿色苞叶的束缚，露出一个小"尾巴"，那是卷成管状的唇瓣末端的距，整个花苞看上去就像一个大大的逗号，说不出的可爱。过几日，花苞继续长大，苞片脱落，露出小花梗及下位的子房，宛若一个长柄垂吊着前端绽放的花朵。5枚花被片极力张开，外带白色，内侧淡棕红色，位于唇瓣上方；而唇瓣卷成喇叭形，外部下白上紫，内部紫红色，前端微微张开，形成一个可供授粉昆虫爬进去的管道。单朵花可开十余日，通过美丽的形态、香甜的花蜜诱使昆虫替它传粉，随后花被片颜色变深、低垂、萎蔫，最终脱落；同时下部的子房开始膨大为长圆锥状具棱的果荚。这样的演变过程在花序自下而上陆续发生，同一株鹤顶兰的花序，可以看到下方已经结出果荚，中部是盛开的花朵，上方还在陆续长出新的花苞。鹤顶兰的花序高可达1米，非常引人注目。

鹤顶兰的花期为3—4月。这个时节常是梅雨季，阴雨是习见的天气。雨中的鹤顶兰依旧摇曳生姿，挂满晶莹剔透的水珠，愈显清纯；喇叭状的唇瓣开口斜向下，并不受下雨的影响，这是适应环境长期进化的结果，只是传粉的昆虫得耐心地等待雨停了。

鹤顶兰属全世界有45种，广布于亚洲的热带和亚热带地区以及大洋洲。中国有11种，广泛分布于我国台湾、西南、华南和西藏地区。鹤顶兰主要分布于云南、西藏、福建、台湾、广东、广西和海南，生长于海拔700～1800米的林缘、沟谷或溪边阴湿处。鹤顶兰的主要辨识特征是萼片和花瓣背面象牙白色，内面暗赭色或棕色；唇瓣背面白色，前端边缘茄紫色，唇盘茄紫色带白色条纹。

Ground-living in shaded and damp places in forests, at forest margins, along valleys, or by streamsides, altitude 700-1 800 m. Distributed in Fujian, Guangdong, Guangxi, Hainan, Taiwan, Yunnan and Tibet. Flower March to April.

鹤顶兰　*Phaius tancarvilleae* (L'Hér.) Blume　　余志满　绘

87

中越鹤顶兰

Phaius tonkinensis (Aver.) Aver.

　　植物如人，拥有一个特别的名字是一件影响深远的事。中越鹤顶兰和紫花鹤顶兰就姿容而言其实并无高下之分，但是中越鹤顶兰有一个比较特别的名字。它的中文名是中国和越南两国的简称，拉丁种加词是河内的意思，这个名字很吊人胃口，时常有花友到植物园来寻访中越鹤顶兰。中越鹤顶兰是2010年在广西靖西市邦亮自然保护区和龙州县弄岗国家级自然保护区发现的新纪录种，相关的标本也都采自广西，其在《中国植物志》和*Flora of China*中还没有收录。中越鹤顶兰有高高的茎，茎有多节，下部的节有鞘包被，叶子只生在上部的节上，叶子椭圆形，弯曲下垂。中越鹤顶兰的花序从叶腋间发出，花序轴直立，纤细而曲折，上疏生少数花，花羞答答地垂着头，不甚开放，微起朱唇的模样。中越鹤顶兰的花二色，萼片和花瓣象牙白色，唇瓣紫色，合蕊柱也是紫色的。中越鹤顶兰的花期在11月至翌年1月。

　　中越鹤顶兰与紫花鹤顶兰相似，两者之间最明显的区别是中越鹤顶兰的花萼和花瓣是象牙白色，紫花鹤顶兰的花萼和花瓣是紫色的。中越鹤顶兰在中国广西的龙州县和靖西市、越南的高平省有分布，常生于海拔400~700米处的石灰岩山谷或山坡腐殖土中。

　　中越鹤顶兰是濒危物种。

Growing in limestone valleys or humus soil on hillsides, altitude 400–700 m. Distributed in Guangxi (Longzhou, Jingxi) of China, and Gaoping of Vietnam. Flower November to next January. Endangered species.

中越鹤顶兰　*Phaius tonkinensis* (Aver.) Aver.　　　邓盈丰　绘

88

大尖囊蝴蝶兰

Phalaenopsis deliciosa Rchb.f.

大尖囊蝴蝶兰的叶子、花和植株无不玲珑，一颦一笑满是娇俏，一副小儿女的模样。大尖囊蝴蝶兰原名大尖囊兰，是尖囊兰属植物，尖囊兰属的拉丁名 *Kingidium* 是为纪念《锡金与喜马拉雅兰花》一书的作者 George King 而命名的。大尖囊蝴蝶兰的形态和习性与蝴蝶兰属相似，后又被分类学家并入蝴蝶兰属，因此加入了蝴蝶兰大家族，有了大尖囊蝴蝶兰之名。大尖囊蝴蝶兰是附生兰，华南植物园的大尖囊蝴蝶兰附植在蕨板上，咋看像是大尖囊蝴蝶兰倚偎在蕨板上，此番情景总让人不由地想到"倚门弄青梅"的词句。大尖囊蝴蝶兰的茎很短，短到可以忽略，茎上生有5片叶子。叶子茶盅大小，薄椭圆形，翠绿色。叶面上有弧形的脉纹，像是翠色要顺着脉纹滴落一般。大尖囊蝴蝶兰的花序自然下垂，花茎和叶子一样嫩绿嫩绿，花序有分支，每个分支的顶端着生多朵花。大尖囊蝴蝶兰虽有蝴蝶兰的大名号，但是它与众多花大色艳的蝴蝶兰姐妹却有不同。它的花白中透粉，只有一粒葡萄那么大，花心处是紫色的唇瓣。大尖囊蝴蝶兰的唇瓣明显3裂，咋看像小鸟的尾巴，这些小鸟把身子探入了花中，尾巴却还留在外边。大尖囊蝴蝶兰7月开花，边谢边开，整个花期可以延续2~3个月。

蝴蝶兰属全世界有70种，分布于热带亚洲至澳大利亚。中国产18种，分布于南方诸省区。大尖囊蝴蝶兰多产于海南的乐东、昌江和三亚等地，生长在海拔450~1100米的山地林中树干上或山谷岩石上。大尖囊蝴蝶兰的主要辨识特征是花白色带淡紫色，唇瓣中裂片先端深凹，唇瓣中裂片呈倒卵状楔形，基部具1枚白色深2裂成叉状的附属物。

大尖囊蝴蝶兰是易危植物。

Epiphytic on tree trunks and lithophytic on rocks in mountain forests, altitude 450–1 100 m. Distributed in Hainan (Ledong, Changjiang and Sanya). Flower July to October. Vulnerable species.

大尖囊蝴蝶兰 *Phalaenopsis deliciosa* Rchb.f.　　邓晶发　绘

89

五唇兰
Phalaenopsis pulcherrima Lindl.

五唇兰虽已被国际兰花专家并入了蝴蝶兰属，但其唇瓣上的"五爪"与传统的蝴蝶兰还是有较大的差异。华南植物园兰园的五唇兰种植在大棚紧邻着门口的花架上，它生长得很旺盛。每天早上走进大棚的时候，仿佛都能得到它一个乐呵呵的早安问候。五唇兰具有极强的生命力，它茁壮地成长着，很少感染疾病。当温棚里其他兰花时不时出现这样那样的病症，需要喷洒农药的时候，五唇兰都是精精神神的。五唇兰的根非常粗壮，牢牢地附生在蕨板上，汲取营养。五唇兰的植株并不高，茎缩得很短，叶片比较硬实，在茎的两侧整齐地排成两列，叶片中间有一条深深的脉痕。五唇兰的叶色很光亮，叶面微显暗紫色，叶背带点紫红色，像是给自己画了个彩妆。大约在5月间，有一天走进温棚的时候，突然发现五唇兰有了些变化，花序从叶腋间探出了头。它的花序如同叶色，也是暗绿色的，上面有红色的小斑点。日子一天天过去，五唇兰的花序一刻不停地生长，一个月之后，已经有植株5倍的高度了。这时花序的顶端会长出一颗颗圆圆的花苞，羞答答地露出一点粉红色的花瓣。到7月的时候，一走进温棚，扑面迎来一股淡淡的香气，是五唇兰的花盛开啦。看那粉红色的小花，带着露水，迎着朝阳，唱着晨曲，欢乐地盛开着。五唇兰的花有硬币那么大，花瓣是桃花一样的粉红色，唇瓣粉中带紫，也有一些植株的花瓣和唇瓣同色。五唇兰的花期很长，盛花期足足可超过一个月。

五唇兰属全世界有2种，分布于亚洲热带地区。我国有1种，分布于海南崖县、乐东等地。五唇兰常生于密林或灌丛中，常见于覆有土层的岩石上。五唇兰的主要辨识特征是根圆柱形，唇瓣5裂，中央一枚裂片淡紫色。

五唇兰是易危物种。

Distributed in rocky places or soil-covered rocks in dense forests or thickets of Hainan (Yaxian, Ledong). Flower July to Auguest. Vulnerable species.

五唇兰 *Phalaenopsis pulcherrima* Lindl.　　　邓盈丰　绘

90

蝴蝶兰杂交种

Phalaenopsis hybrids

　　蝴蝶兰（*Phalaenopsis*）是蝴蝶兰属植物的总称，该属植物已记录的原生种有75个，但市面上千姿百态、花大色艳的蝴蝶兰商品种多为杂交种。全世界目前育成的杂交种达39 000多个，是世界上品种最多的兰花属之一。蝴蝶兰杂交种花色丰富，一般将其分为白色、红色、黄色、条纹和斑点花五大色系。由于蝴蝶兰的花期长，花色多，花姿壮丽优雅，易生长，深受各国人民的喜爱，被誉为"兰花皇后"，是一种名贵的室内花卉，可作切花和盆栽观赏。它是大型花展的主打品种，也是世界上消费量最大的盆栽花卉种类。我国台湾省由于长期的杂交育种及其种苗生产和栽培技术的完善，蝴蝶兰工业也相当发达，每年都有不少新品种投入市场并出口。近年来，我国大陆蝴蝶兰发展迅速，已成为世界上最大的种苗生产、栽培基地和消费市场。

蝴蝶兰杂交种 *Phalaenopsis* hybrids 余峰 绘

91

桑德蝴蝶兰

Phalaenopsis sanderiana Rchb.f.

　　每一次看到蝴蝶兰，总会被它的明艳所感染。蝴蝶兰是花卉市场上最常见的兰花，尤其是每逢春节，大大小小的花卉市场更是被蝴蝶兰装点得色彩斑斓。蝴蝶兰的花期很长，园艺品种非常多，有白色、红色、黄色、条纹和斑点花五大色系。大部分蝴蝶兰品种很容易养护，而且年年可以复花，是家庭阳台花卉的不二选择。桑德蝴蝶兰是个原生种，它的花像记忆中的姑娘微羞的脸庞，也像晏几道《临江仙》中的词句所述："记得小苹初见，两重心字罗衣。"

　　桑德蝴蝶兰是菲律宾的特有种。19世纪兰花狂热的时候，相传菲律宾有开鲜红色花朵的蝴蝶兰，这一消息让当时有"兰花大王"之称的英国桑德兰花公司创办人——植物学家及兰花育种家亨利·弗雷德里克·康拉德·桑德公爵（Henry Frederick Conrad Sander，1904—1997）非常感兴趣。他费尽周折找到了这种奇特的蝴蝶兰，但是当这种传说中的鲜红色蝴蝶兰在英国首次开花时，却并非鲜红色，而是粉红色，这让桑德公爵非常失望。

　　桑德蝴蝶兰是一种小型附生兰，生长在海拔500米左右覆满苔藓的树枝上，它的叶片长椭圆形，叶面绿中泛紫。桑德蝴蝶兰在仲春至夏末开放，它直立的总状花序可以达到80厘米，一直花序上生有15～20朵花，花膜质，花的颜色在白色、粉色和玫瑰紫色之间变化。唇瓣白色，3裂，两侧的裂片向上弯曲，呈卷须状。

Phalaenopsis sanderiana Rchb.f. is a very nice species from the Philippines where it grows high on the tree branches of the humid forests, altitude about 500 meters. It blooms in the mid spring to late summer. The flower is variable in color between white, pink and rose purple.

桑德蝴蝶兰　*Phalaenopsis sanderiana* Rchb.f.　　　余志满　绘

92

石仙桃

Pholidota chinensis Lindl.

　　"物以稀为贵"，植物界也不例外。传说中的珍稀植物，其实大都其貌不扬，或不能繁育后代，或极难苗壮成长。让普罗大众无法理解的是，恰恰是这些连基本生存能力都没有的植物，却成了植物界的贵族，它们是植物园优先保育的对象。相反，那些在阳台的缝隙中就可以生根发芽的榕树苗，却是人人喊打，恨不能斩草除根。做植物也是讲技巧的，千万不能多，千万不能太皮实。石仙桃就是多而皮实的兰花，所以自始至终它都无法进入珍稀兰花的行列。石仙桃具有很强的生命力，在野外常常可以见到它在石头上成片地生长，植物园保育的石仙桃也是爆盆。客观地讲，石仙桃是很漂亮的兰花，它长长的花序轻柔地下垂着，每个小花在花序上的排列疏密恰到好处，盛花的花序像一串白色的风铃。它的小花白而透亮，宛若羊脂美玉，花形煞是可爱，两个侧萼片像是两只可爱的耳朵，唇瓣半圆形，边缘像是停着一只扇动着翅膀的蝴蝶。石仙桃在四五月份开花，一盆生长旺盛的石仙桃可以生出许多花序。

　　石仙桃分布比较广泛，浙江、福建、广东、海南、广西、贵州、云南、西藏都有。多生长于林中或林缘树上、岩壁上或岩石上，海拔通常在1500米以下，少数种类可以在2500米的高处生长。石仙桃的主要辨识特征是假鳞茎狭卵状长圆形，长1.6～8.0厘米，粗0.5～2.3厘米，向基部渐狭成柄状，唇瓣下唇基部具3条肿胀的脉，上唇光滑。

Epiphytic on the tree trunk, cliff or rock in or on the edge of the forest. The lower altitude is usually below 1 500 meters, and the higher altitude can reach 2 500 meters. Distributed in Zhejiang, Fujian, Guangdong, Hainan, Guangxi, Guizhou, Yunnan and Tibet.

石仙桃　*Pholidota chinensis* Lindl.　　余汉平　绘

93

宿苞石仙桃

Pholidota imbricata Lindl.

　　中国人是最讲究含蓄委婉的，事儿万不能做得太满，说话忌讳太直白。含蓄婉约更是淋漓尽致地体现在中国人的审美当中。半满的新月、半开的花被千百年来的文人墨客反复吟诵。"梨花新月下""柳边新月已微明""芳径春归花半开""风暖曲江花半开""亭畔看花花半开"。宿苞石仙桃正是那半开的花儿。宿苞石仙桃从花苞形成到盛花期之前的很长的一段时间，它的花都是紧紧地闭合着，即使到了盛花期，因为它的中萼片呈小舟状，遮掩着花朵，让花儿还是一副似开未开的样子。宿苞石仙桃的花莛十分纤弱，长长的花序坠在纤细的花莛上，倒垂下来，许多小花相拥排列在花序的两侧，弱柳扶风一般，轻微地碰触也会让它惊动不已。它的花苞片浅棕红色，宿存，会伴着花儿们走过一生。宿苞石仙桃的假鳞茎挤在一起，假鳞茎上密生着四条棱，每个只长有一片叶子，叶子中等大小，长椭圆形，薄薄的，青绿色。宿苞石仙桃的花期在7—9月。

　　石仙桃属全世界有39种，主要分布于亚洲的热带和亚热带南缘地区，南至澳大利亚和太平洋岛屿，中国有16种。宿苞石仙桃主要分布在四川西南部和云南西北部至南部（贡山、丽江、景东、耿马至勐海）和西藏东南部，生长于海拔1 000～2 700米的林中树上或岩石上。宿苞石仙桃的主要辨识特征是叶稍薄，两枚侧萼片基部离生。

Epiphytic on trees or rocks in forests, altitude 1 000–2 700 m. Distributed in Sichuan, Yunnan and Tibet. Flower July to September.

宿苞石仙桃　*Pholidota imbricata* Lindl.　　邓盈丰　绘

94

粗茎苹兰

Pinalia amica (Rchb.f.) Kuntze

　　粗茎苹兰生活在森林里高高的树干上。它一朵朵小花的花柄与花轴有规律地相连，组成了总状花序。花序有时从近纺锤形的假鳞茎中上部的叶鞘中发出，有时又调皮地从近基部生长出来，细细一看，花序轴上还有些锈色的卷曲柔毛，可别小看了这细小的柔毛，这可是它防寒防虫的有力武器呢！

　　粗茎苹兰花序轴上含羞的花朵挣脱花苞的束缚后，从花序轴下部开始有序地绽放。初见时，花瓣和萼片的颜色是优雅的淡淡的黄，渐渐地显现出了黄色带紫褐色的脉纹。花序上盛开的一朵朵小花就像是三五成群的好友相约在一起，每一朵花仙子都展示着自己优雅的姿态，她的花瓣与萼片有着黄中带紫褐色的脉纹，唇瓣两侧裂片卵状椭圆形，含羞向内弯曲且粉红如少女的脸颊，着实惹人怜爱，中间裂片则为肾形，先端有凹口，肉质，中裂片的唇盘中间部分则是非肉质，且有3条引导昆虫授粉的褶片。

　　粗茎苹兰的花期在每年的3—4月，南方连绵的雨季来临了，花仙子在雨中摇曳。黄色的唇瓣是吸引昆虫的好帮手，在春雨中被浸润得越发透亮，此时的粗茎苹兰已经充满了信心，等待着天晴，等待着授粉昆虫的到来。

　　苹兰属全世界分布有160种，中国有19种。粗茎苹兰产于云南和台湾，常生长于海拔900～2 200米处的林中树上或者林下岩石中。粗茎苹兰的主要辨识特征是唇瓣长8毫米，花瓣和萼片黄色具紫褐色脉纹。

Epiphytic on trees or rocks under forests, altitude 900–2 200 m. Distributed in Taiwan and Yunnan. Flower March to April.

粗茎苹兰 *Pinalia amica* (Rchb.f.) Kuntze   邓晶发 绘

167

95

扇贝兰

Prosthechea cochleata (L.) W.E. Higgins

扇贝兰又名章鱼兰，因其唇瓣宛若美丽的贝壳而被称扇贝兰，又因其形似小章鱼而得名章鱼兰。扇贝兰的花姿非常独特，它的唇瓣是紫色的，不像大多数兰花一样发生反转下垂，而是倔强地挺立在花朵的正上方，像是被高高托出水面的珍奇贝壳，连贝壳的纹理都模仿得惟妙惟肖。扇贝兰的花瓣黄绿色，细条状的造型，5条花瓣反折向下，自然下垂，极富动感地扭曲着，好像真能在水中欢快地游动。扇贝兰具有总状的花序，上面可开出10余朵花。扇贝兰是非常易于养护的兰花，一盆状态好的扇贝兰可开出好几十朵花，乍看上去像是一群游动的小章鱼。扇贝兰于夏秋季开花，花有香气，单花花期可达25~30天。

扇贝兰属全世界有124种，产于中美洲、西印度群岛、哥伦比亚、委内瑞拉和美国佛罗里达等地，常生长于季节性干旱的橡树林里，也生长于落叶森林的树干上，在全光照的石头上也能生长，生长的海拔可达2 000米。扇贝兰是伯利兹的国花，当地居民称之为黑兰花。

Native to Central America, West Indies, Colombia, Venezuela and Florida. Often growing in the oak forest with the altitude of up to 2 000 meters. It can also grow on the stone under full light. *Prosthechea cochleata* is Belize's national flower.

扇贝兰　*Prosthechea cochleata* (L.) W.E. Higgins　　　余汉平　绘

96

火焰兰

Renanthera coccinea Lour.

看到火焰兰的第一眼，我便想到了烟火。那在夜空中拼尽全力绽放的，如生命般绚烂的烟火。

火焰兰具有很高的观赏价值，尤以它红艳的花朵最为耀眼，这在含蓄内敛的兰科大家族中算是个例外。火焰兰的株高可达2米，茎比较粗壮，质地也很坚硬，叶子些微有些呈舌形，青绿色的，在茎两侧排成整齐的两列。火焰兰的花火红色，花形不大，花瓣上分布有橙红色的斑点，花瓣四散飞舞。许多单花排成散开的圆锥状，乍看去，真像腾空飞窜的火焰，盛开时非常有气势和张力。火焰兰具有很强的生命力，易栽培，具有很高的园艺价值和育种价值。火焰兰还具有良好的药用价值，以全草入药，具有祛风除湿、活血化瘀的功效，可以治疗风湿痹痛、骨折等症。火焰兰的花期是4—6月。

火焰兰属全世界有20种，主要分布于亚洲的热带地区和太平洋岛屿。我国有火焰兰（*R. coccinea* Lour.）、云南火焰兰（*R. imschootiana* Rolfe）和中华火焰兰（*R. sinica* A. J. Liu et S. C. Chen）3种，主要分布于云南、贵州、海南等地。火焰兰产于海南和广西地区，生长于海拔约1 400米处，攀援于沟边林缘、疏林中树干上和岩石上。火焰兰的主要辨识特征是花序与叶对生，花火红色，唇瓣中裂片基部无胼胝体。

火焰兰是濒危植物。

Epiphytic on tree trunks or lithophytic on rocks in open forests or at forest margins along valleys, altitude 1 400 m. Distributed in Guangxi and Hainan. Flower April to June. Endangered species.

火焰兰　*Renanthera coccinea* Lour.　　余志满　绘

97 '昆仑'火焰兰

Renanthera 'SCBG Kylin'

　　凡事得个"好"字不容易，很多人终其一生也可能得不到"你这辈子真好"这句话。昆仑火焰兰是种好花，凡见过昆仑火焰兰开花的人都会赞叹一句"真是种好花啊"。在群英荟萃的兰花圃中，能得"好花"两个字也真不容易。'昆仑'火焰兰是好花自有缘由，它的花开得非常热烈，每一朵小花似乎都燃烧着激情。'昆仑'火焰兰的颜色是很喜庆的中国红，是回忆里过年的颜色，也是憧憬中新娘的颜色。

　　'昆仑'火焰兰是华南植物园的研究人员通过人工杂交选育的兰花新品种，于2012年通过了广东省农作物品种审定委员会的审定，母本是中华火焰兰（*R. sinica*），父本是海南火焰兰（*R. coccinea*）。这个杂交品种株型直立挺拔，姿态飘逸。其茎秆粗壮，叶色深绿，叶片近革质硬挺。花莛较粗壮，有分枝，花色鲜红，带黄色条斑。在珠三角地区栽培4月初开花，花期2—3个月。'昆仑'火焰兰具有较强的抗性，易栽培，开花率高，是作为盆花、切花和园林造景的良好花卉品种。'昆仑'火焰兰多次在兰园展示，受到了游客的广泛喜爱。

Renanthera 'SCBG Kylin' a new cultivar by artificial hybridization in South China Botanical Garden. Maternal is *Renanthera sinica* and paternal is *Renanthera coccinea*.

'昆仑'火焰兰　*Renanthera* 'SCBG kylin'　　黄少容　绘

98

钻喙兰

Rhynchostylis retusa (L.) Blume

　　钻喙兰白色的花瓣上密布紫色的斑点，唇瓣紫红色，总状花序下垂，远远望去像毛茸茸的狐狸尾巴，因而又有"狐尾兰"之称。每年五六月间，正值春夏交替，万物欣欣向荣，钻喙兰也盛放了。似乎是一夜间，一条条美丽的狐狸尾巴从树干上钻了出来，它们沾满露水，沐浴着清晨的阳光，哼着家乡的小调。每当有清风拂过，整个花序随着微风摇曳，像是林间活泼的小精灵们在欢快地舞蹈。钻喙兰花姿清新淡雅，花朵娇艳靓丽，是夏日兰科观花植物类群中的佼佼者。钻喙兰的肉质叶片呈二列状分布，叶尖外弯，整体形状似一面展开的芭蕉扇。钻喙兰具有发达而肥厚的气根。它小花的蕊柱呈鸟喙状，钻喙兰属的拉丁名 *Rhynchostylis* 就是由 rhynchos（鸟喙）和 stylis（蕊柱）两词组合而来，意思是鸟喙状的蕊柱。它的花瓣与萼片白底上密布紫色斑点，向外舒展，唇瓣由前至后是紫红色到白色的渐变色，唇瓣前端朝上拱起，几乎与蕊柱平行，仿佛一个天然巢穴，和蕊柱释放出的香甜花蜜分工合作，吸引昆虫前来授粉。

　　钻喙兰属全世界分布仅3种，分布于亚洲热带地区。中国有2种，产于南方热带地区。钻喙兰产于贵州西南部和云南东南部至西南部，生长于海拔310~1 400米的疏林中或林缘树干上。本种的主要辨识特征是花序长于或近等长于叶，花白色而密布紫色斑点，唇瓣紫红色。

　　钻喙兰是濒危植物。

Growing in sparse forest or on the trunk of forest edge, altitude 310–1 400m. Distributed in Guizhou and Yunnan. Flower May to June. Endangered species.

钻喙兰 *Rhynchostylis retusa* (L.) Blume 余汉平 绘

99

心叶带唇兰

Tainia cordifolia Hook.f.

　　阳光从林梢穿过，洒在心叶带唇兰美丽的叶子上，光线随风舞动，在光和影的变幻中那心叶带唇兰美丽的叶子宛若珍奇的心形宝石。心叶带唇兰因叶形而得名，它又名心叶柄球兰、葵兰。兰花家族是因花而享有盛誉的，要成为兰中上品，必然要有漂亮的花儿和绝佳的香气。那些花小微不足道，又没有香气的种类自然沦为下品。天无绝人之路，那些具有美丽叶子的兰花也走出了自己灿烂的"兰生"道路，比如心叶带唇兰。心叶带唇兰的叶子是肉质的，叶面上有与叶边平行的弧形脉，叶脉呈深绿色，横脉不规则排列，与侧脉连接形成一个个网格，网格呈深绿色镶嵌在叶片上，形成了漂亮的纹饰。心叶带唇兰的叶柄粗壮而有质感，但是它的叶柄其实非叶柄，而是假鳞茎的叶柄化，这也是心叶带唇兰的一个特别之处。心叶带唇兰的花二色，花瓣和萼片褐中带紫，唇瓣白色带有紫红色斑点。花期在5—7月。

　　心叶带唇兰主要分布在福建、台湾、广东、香港、广西和云南等地，生长于海拔500～1 000米的林下阴湿处。心叶带唇兰的主要辨识特征是叶片基部心形，具长柄。

　　心叶带唇兰是濒危植物。

Ground-living in the shade and wet places under the forest, altitude 500-1 000 m. Distributed in Fujian, Taiwan, Guangdong, Hong Kong, Guangxi and Yunnan. Flower May to July. Endangered species.

心叶带唇兰　*Tainia cordifolia* Hook.f.　　余志满　绘

100

纯色万代兰

Vanda subconcolor T. Tang & F.T. Wang

万代兰是最绚丽的热带兰花，它有彩虹般多彩的颜色，可以开出兰花中稀有的蓝色花。万代兰的茎干可以长得很高，著名的新加坡国花"卓锦万代兰"在广州地区可以长到3米开外，高高的枝头开满了粉红色的花朵，终年不谢。万代兰的气生根特别发达，足可超过一米，白色的气生根长长地垂下来，别有一番情趣。万代兰是印度人心中真正的兰花，就像中国人心中的国兰一样。万代兰有非常多雍容华贵、风姿绰约的品种，在各大兰展上都能看到它们的倩影。相形之下，万代兰原生种大多花色暗淡、形容枯槁，也少为人知。纯色万代兰是一种比较常见的万代兰原生种。

纯色万代兰具有极强的生命力。植物园里的纯色万代兰附生在一株很大的南洋楹树干上，长势非常旺盛，年年开花，而且年年有新植株分生出来，现在已经从一株长成一大丛了。和万代兰属的其他种类一样，纯色万代兰的茎干明显而粗壮，基部没有假球茎，带形的叶片向外弯曲，整齐地排列在茎的两侧，粗厚的气生根从叶腋处生发出来。纯色万代兰在2—3月开花，花的内面是褐色的，背面白色，花的中间是白色的短而粗的蕊柱，非常醒目。

万代兰属全世界有73种，多分布于亚洲热带地区。中国有14种，产南方热带地区。纯色万代兰是中国特有种，主要分布在海南和云南，生于海拔600～1 000米的疏林中树干上。纯色万代兰的主要鉴别特征是唇瓣中裂片呈卵形，基部比先端宽。

纯色万代兰是濒危植物。

Endemic to China. Epiphytic on tree trunks in open forests, altitude 600–1 000 m. Distributed in Hainan and Yunnan. Flower February to March. Endangered species.

纯色万代兰 *Vanda subconcolor* T. Tang & F.T. Wang　　　邓盈丰　绘

参考文献 REFERENCES

[1] World Checklist of Selected Plant Families. 2021. http://apps. kew.org/wcsp/home.do (2021−08− 01).

[2] Wu Z Y, Raven P H, Hong D Y, 2009. Flora of China. Vol. 25 (Orchidaceae)[M]. Beijing: Science Press, and St. Louis: Missouri Botanical Garden Press.

[3] 陈心启, 吉占和, 1998. 中国兰花全书[M]. 北京：中国林业出版社.

[4] 陈心启, 吉占和, 罗毅波, 1999. 中国野生兰科植物彩色图鉴[M]. 北京：科学出版社.

[5] 唐振缁，程式君, 2016. 中国主要野生兰手绘图鉴[M]. 北京：科学出版社.

[6] 金效华, 李剑武, 叶德平, 2019. 中国野生兰科植物彩色图鉴[M]. 郑州：河南科学技术出版社.

[7] 卢思聪, 2002. 中国兰和洋兰[M]. 北京：金盾出版社.

[8] 刘清涌, 2003. 中国兰花名品珍品鉴赏图典[M]. 福州：福建科学技术出版社.

[9] 吴艳妮, 郑枫, 吴坤林, 等, 2020. 兜兰新品种'文菲'[J]. 园艺学报, 47 (S2):3067-3068.

POSTSCRIPT 后 记

　　这批在书柜里沉睡了四十余年的兰花手绘画作品终于面世了。回眸过往，感慨万分！1978年，华南植物研究所老所长陈封怀教授参加全国科学大会归来不久，就交给绘图室一个任务，要求我们将极具华南所研究特色的木兰科、姜科、兰科植物以手绘画形式与研究人员共同编写专著。为此，我们奔赴华东、西南及华南地区的中国兰花产地考察，并绘制了大量的手绘画。经多方努力，木兰科的《中国木兰》与姜目的《丹青蘘荷》已分别于2004年和2012年完成出版，而兰科分册却因某些原因拖延至今。

　　1980年春，我和黄少容、邓晶发三位绘图师随谭沛祥教授赴华东地区写生，并收集当地的兰科植物种类，开始了华东地区的觅兰之旅。我们先后赴上海植物园、杭州花圃、绍兴兰花产地及南京中山植物园，所到之处均受到热情接待，在此，特向上述单位致以衷心的感谢！

1980年春在上海植物园兰室与工作人员合影。自右至左：沈雪宝、邓晶发（华南园）、吴宝兴、佘佩琴、曹山娣、黄少容（华南园）、余峰（华南园）、谭沛祥（华南园）

原生中国兰在华东地区有着悠久的栽培历史。由于历史、气候和土质条件等原因，中国兰在华东地区普及的广泛性和品种的多样性，是其他地区不可企及的。我们首站来到位于上海龙华的上海植物园兰室。这是一座具有中国园林风格的展室，在当年已是颇具盛名的赏兰之地。初春的兰室已然绿荫环抱，清静典雅，那不时飘过来的幽幽兰香，让人心境愉悦，能安静地在此作画，实在是一种享受。兰花专家、时任兰室负责人的沈雪宝先生和兰室的工作人员详尽地向我们介绍了兰室及其中的名贵品种，让我们增长了不少知识。尤其是兰属（Cymbidium）中的春兰系列，如水仙瓣春兰、荷蝶型春兰、'大富贵'春兰、'汪字'、'十园'春兰、'西神梅'、'宋梅'、'御国华'、'玉梅素'等多个品种，它们都是当时从沪浙两地收集到的珍品。

继华东之行后，1981年秋天我们又随谭沛祥教授来到已有两百多年养兰历史的广东四大名园之一的顺德大良清晖园。'铁骨素'、'硬剑金边素'、'红梗玉真'等名贵建兰品种便是从这里觅得。

在兰花大家族中，中国兰和洋兰分属两大系列，中国兰幽香素雅，有着高尚人格的象征，受到历代文人雅士的追捧；洋兰艳丽多姿，刺激着人们的视觉感官，满足现代人在快节奏生活中对猎奇求新的追求。广州地处南亚热带，常年温暖湿润，很适合除春兰以外的大多数兰科植物的生长。华南植物园的兰园收集兰花500多种，洋兰、国兰交相辉映，是品兰的理想去处。历年来，多个课题组进行了兰科植物的研究并培育了众多极具观赏价值或药用价值的兰花新品种，为我们提供了大部分的兰科植物绘画素材，如'昆仑'火焰兰、'文菲'兜兰、'至爱'兜兰、'春韵'兜兰等。

为更好地表现庞大而多姿多彩的兰花家族，经原绘图室集体讨论，本书的绘画风格以科学画为主要表现形式，适当使用部分中国画作为点

1992年，部分绘图师工作照。前排左起：余汉平、黄少容、邓盈丰、余峰；后排：邓晶发

2019年合影。左起：余峰、余志满、刘运笑

缀，但前提是不要背离科学画的主体风格和表述初衷，力求让本书的画风在统一中有所变化。其中运用比较成功的有：独占春（*Cymbidium eburneum* Lindl.），花纯白如雪，唇瓣搭配一抹杏黄，作者采用中国画的双勾法使花的结构清晰明了，并将植株的生长形态表达得一目了然；同时画师又在用色上运用了西画中色彩对比、明暗对比的技法，增强了画面的空间感，既具有观赏性，又能充分表现其科学内涵。又例如，卡特兰的植株中不同部位有着几种不同的质感，为此作者尝试采用水彩画中的湿画法，结合国画技法中的一笔点染接色法一笔呵成，这样一来，唇瓣的丝绒感、花瓣的飘逸感就能与具坚挺感的革质叶片相得益彰。

斗转星移四十载，我们用画笔表现草木之美的初心仍未改。受几位已故绘画同仁离世前的再三嘱托，辗转努力，在陈银洁工程师成功组织申报出版基金的基础上，经曾宋君教授、张玲玲工程师等将广博的人文知识赋予科学而优雅的文字，李琳副教授严谨的种类鉴定，以及陈忠毅教授对图文严格的审校，如今这些科学画作品终于与大家见面了。谨以《兰蕙幽香——兰科植物手绘图谱》告慰已故陈封怀老所长和五位画师。

我相信，植物科学画必将会有更加辉煌的明天。

2021年6月21日于华南植物园